页岩吸附特征及机理

闫长辉　田园媛　邓虎成
陈　青　李　鹏　郑　丽　著

科 学 出 版 社
北 京

内 容 简 介

页岩气是当今国内外非常规油气资源勘探开发中的热点，其特殊点之一为天然气存在吸附态。以吸附实验为基础的页岩比表面积、孔径分布研究是孔隙结构性研究的主要方法。本书从吸附的基本理论着手，结合页岩在成分、结构等方面的特殊性，探讨低温液氮环境下氮气在页岩中的吸附机理，并在经典吸附理论基础上，分别建立基于吸附过程的页岩等温吸附式及圆柱形孔隙模型下的页岩等温吸附式，奠定利用低温液氮环境下氮气吸附实验正确认识页岩孔隙结构的基础。

本书主要面向页岩勘探开发领域的研究者和石油相关院校的学生。

图书在版编目(CIP)数据

页岩吸附特征及机理／闫长辉等著.—北京：科学出版社，2016.7

ISBN 978-7-03-049406-1

Ⅰ.①页… Ⅱ.①闫… Ⅲ.①页岩-吸附-研究 Ⅳ.①P588.22

中国版本图书馆 CIP 数据核字（2016）第 165554 号

责任编辑：杨 岭 冯 铂／封面设计：墨创文化
责任校对：韩雨舟／责任印制：余少力

科 学 出 版 社 出版

北京东黄城根北街16号
邮政编码：100717
http://www.sciencep.com

成都锦瑞印刷有限责任公司印刷

科学出版社发行 各地新华书店经销

*

2016 年 8 月第 一 版　　开本：787*1092　1/16
2016 年 8 月第一次印刷　　印张：7.5
字数：200 千字

定价：69.00 元

前　言

页岩相关研究是目前国内非常规油气资源探索的热点，近年来，国内外均在高温甲烷等温吸附探究及应用中取得了长足的进展，而对低温液氮页岩等温吸附的探讨还局限于利用 BET 线性方程计算样品比表面积及 BJH 算法等计算孔径分布。而分析页岩的低温液氮吸附规律及性质，对正确认识页岩孔隙结构以及修正由于吸附剂吸附性质差异造成的页岩孔隙结构分析的误差具有重要意义。故本书主要针对低温液氮页岩等温吸附体系进行研究，建立两种不同的适用于描述低温液氮页岩等温吸附的吸附式。

作为页岩吸附研究的基础，本书概要介绍与吸附相关的基础概念及理论等，统计罗列 23 种现有的等温吸附式，并归纳为单一气体吸附、混合气体吸附和溶液吸附三个方面，详细介绍各吸附式的表达式、参数及理论沿革。在此基础上，筛选 Langmuir、BET 等 7 种以压力（相对压力）为自变量，吸附体积为因变量的等温吸附式，并将其应用于实测低温液氮页岩等温吸附数据中评价其应用效果（样品取自鄂尔多斯盆地延长组、平凉组、乌拉力克组及四川盆地牛蹄塘组、须家河组及陡山沱组）。鉴于各吸附式在页岩中的应用均具有较大的局限性，故针对页岩这种吸附剂的特殊性进行探讨，包括页岩矿物组成、储集空间特征及物性特征等，全面总结概括页岩与常规表面性质均匀的吸附剂的差别。

为建立适用于描述低温液氮页岩等温吸附的吸附式，首先需明确页岩中的吸附过程。因此笔者通过对比页岩等温吸附曲线与 BDDT 等温吸附曲线分类方案，初步判定低温液氮页岩等温吸附包括单层吸附、多层吸附及毛细凝聚过程。据此选用描述不同等温吸附过程的吸附式——Langmuir 吸附式、BET 吸附式及 Freundlich 吸附式建立包含页岩全部吸附过程的等温吸附式，同时选用圆柱形孔隙模型将氮气吸附体积分解为多层吸附体积与毛细凝聚体积进行计算，建立满足低温液氮环境页岩等温吸附机理的等温吸附式，并分别明确各式中参数的物理化学含义。为评价等温吸附式的应用效果，选用 106 个页岩样品进行低温液氮等温吸附实验，获取相对压力与吸附量数据，验证等温吸附式在低温液氮页岩等温吸附描述中的适用性。

除了直接将所建立的等温吸附式用于拟合实验数据以外，本书还详细介绍用所建立的等温吸附式对实验未测试压力点的吸附体积进行预测、依据等温吸附式参数与液氮分子相关性质计算页岩样品比表面积、运用等温吸附式参数评价吸附体系吸附热及用等温吸附参数值计算评价吸附界面性质的方法，并对比分析两种等温吸附式的应用效果。

本书在编写过程中，得到了"油气藏地质与开发工程国家重点实验室（成都理工大学）"及周文、宋荣彩、鲁洪江、何勇明、张浩、孟祥豪、钟亚娟、万巍、房明、焦军伟、吴婷婷、陈艺策等人的支持与配合，在此表示感谢。同时，本书的编写参考了部分国内外报纸、杂志、图书及网站的文章，在此向原作者表示感谢！

由于我们水平有限，在编写过程中难免有遗漏和错误，我们诚挚地欢迎广大读者批评指正和提出宝贵意见，使本书日渐完善。

著　者　闫长辉

2016 年 3 月

目　　录

第 1 章 页岩中的吸附现象

1.1 吸附现象简介

吸附现象在气体分离、废水处理及工业制造中应用广泛，而对于页岩气而言，吸附现象更是页岩储层研究区别于常规储层的重要标志。页岩中储集气体赋存状态包括游离态、吸附态及溶解态，其中吸附态为其主要赋存状态之一。同时吸附相关实验也是评价页岩孔隙结构的重要方法之一，因此，研究页岩中的吸附现象对于进一步认识和评价页岩气储层具有重要意义。

1.1.1 基本概念

在两相体系中，由于界面原子所受作用力的不均匀，导致其中某一相的浓度（或密度）在界面上发生改变的现象称为吸附。这种现象在固−气、固−液、液−气、液−液等界面中均可能发生[1]。发生吸附时，被吸附物质称为吸附质，如页岩储层中的 CH_4，而发生吸附的物质称为吸附剂，如页岩岩石骨架及有机组分。

根据发生吸附时，吸附质在界面上的浓度（或密度）与其本相浓度（或密度）的相对大小可将吸附划分为正吸附和负吸附：当界面上吸附质浓度（或密度）高于本相时称为正吸附；当界面上吸附质浓度（或密度）低于本相时称为负吸附。通常来讲，正吸附现象较为常见，而负吸附现象多发生在溶液吸附中。而按照吸附发生的条件，可将吸附分为等温吸附、等压吸附及等容吸附。目前应用于页岩储层评价中的高温甲烷吸附及低温液氮吸附均为等温吸附。

由于温度、压力等条件的改变，已吸附的物质离开界面使吸附量逐渐减少的现象称为解吸。通常解吸过程伴随压力的降低和温度的升高而发生。当吸附量和解吸量在长时间内不发生变化时，称为吸附平衡。在相同实验条件下，吸附量与解吸量相等的吸附称为可逆吸附，否则称为不可逆吸附。

当吸附与解吸曲线间存在回线时，这种吸附等温线在某一压力范围内吸附曲线与解吸曲线分离的现象称为解吸滞后现象。吸附分支与解吸分支形成的闭合曲线称为滞后环。即在解吸过程中，欲使吸附质达到与吸附时同样的吸附量，需降至更低的平衡压力。在许多中孔材料的等温吸附实验中都存在解吸滞后现象，其成因将在第 2 章中详细论述。

1.2.2　吸附作用力

吸附现象是由于吸附质与吸附剂之间存在作用力，当吸附剂与吸附质的组合发生变化时，吸附作用力的类型也有所不同。常见的类型有范德瓦耳斯力、氢键、静电力和共价键。

1. 范德瓦耳斯力

范德瓦耳斯力是一种分子间作用力，主要影响物质的物理性质。相对于其他作用力而言，范德瓦耳斯力很弱，但其存在较为普遍。主要包含以下三种：取向力，分子的固有偶极同极相斥异极相吸产生的作用力，多存在于极性分子之间，偶极矩越大，取向力越大；诱导力，由固有偶极和诱导偶极相互吸引产生的作用力，多存在于极性分子与非极性分子之间及部分极性分子之间；色散力，由瞬时偶极之间的相互作用力而产生的作用力，分子量越大，色散力越大，在极性或非极性分子之间均可存在。

以范德瓦耳斯力为吸附作用力的吸附为物理吸附。

2. 氢键

氢原子中显正电的原子与另一原子中相对显负电的孤对电子间的相互作用称为氢键。氢键的作用力较范德瓦耳斯力强，因此以氢键为吸附作用力的吸附发生脱附的温度更高（100～150℃）。但由于氢键的键能通常小于 40kJ/mol，因此氢键也属于分子间作用力的一种。在页岩中也存在较多的氢键，如在高岭石八面体结构中，羟基中氢原子内的电子与储层流体中的非金属原子（如氟、氮、氧、氯等）内的孤对电子相互作用可形成氢键[2]。氢键吸附模型如图 1-1 所示。

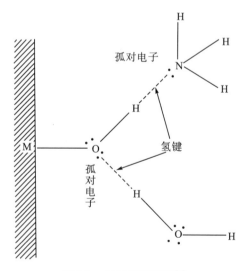

图 1-1　氢键吸附模型[3]

3. 静电力

静止带电体之间的相互作用力称为静电力。每一对静止点电荷之间的相互作用力遵循库仑定律，因此静电力又称为库仑力。静电力是一种分子间作用力且只存在于极性分子之间。在组成页岩的黏土矿物中存在较多的静电力，如蒙脱石中的铝原子被镁原子取代后，多余的电荷通过吸附阳离子来达到平衡，所形成的分子间作用力即为氢键。固体表面电位的形成如图 1-2 所示。

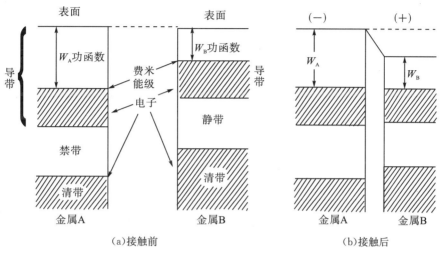

图 1-2 固体表面电位形成[4]

4.共价键

两个或多个原子通过共用外层电子，在理想情况下达到电子饱和的状态而组成比较稳定和坚固的化学结构叫作共价键。共价键是化学键的一种，其强度强于氢键。依据电子对偏离与否可分为极性键与非极性键，而按照成键类型可分为 σ 键、π 键、δ 键等。

1.2.3 物理吸附与化学吸附

根据吸附剂表面与吸附质分子间作用力的性质不同，吸附可分为物理吸附和化学吸附。

1.物理吸附

物理吸附的作用力为分子间作用力，如范德瓦耳斯力。当吸附剂表面分子与吸附质分子间的引力大于吸附质内部分子间的引力时，吸附质分子就被吸附在吸附剂表面上而发生物理吸附。当温度升高时，由于分子热运动增强，吸附质分子动能增加，分子趋于逸散到吸附质中去发生解吸。相应地，当压力降低时，分子运动的平均自由程增加，吸附质分子易于离开吸附剂表面发生解吸。物理吸附均可发生这样的吸附-解吸可逆现象，因此物理吸附是一种可逆吸附。

此外，在发生物理吸附时，吸附剂表面分子和吸附质分子间不发生任何化学反应，这也是物理吸附区分于化学吸附的一项重要标志。由于不需要活化能，物理吸附的吸附速度通常较快，但在少数情况下物理吸附的速度也会很慢，如当吸附剂孔径很小时，受吸附空间限制，吸附质分子在孔隙中的扩散较慢，此时的物理吸附速度也很慢。

物理吸附的吸附热较低，数值上接近液化热（约 40kJ/mol），只要温度条件接近沸点吸附就可能发生，故吸附温度低（通常低于临界温度）[5]。但并不代表高温下不发生物理吸附，如在 136℃时，二甲醚在氧化铝上仍可发生多层吸附（二甲醚沸点 -23.7℃，临界温度 127℃）[6]。

由于范德瓦耳斯力在分子间是普遍存在的，因此物理吸附没有选择性，只要发生的条件合适，均可发生物理吸附，且被吸附的分子又可以继续吸附未被吸附的分子，发生多层吸附，且吸附现象可逆，可完全解吸。需要说明的是，物理吸附在孔径小的材料中吸附时也会有"选择性"，这种选择性是孔隙大小与吸附质分子的相对大小决定的，与吸附作用力无关[6]。

2. 化学吸附

发生化学吸附时，吸附质与吸附剂分子在固体吸附剂表面发生化学反应，吸附剂和吸附质之间以化学键结合，这种吸附剂表面分子与吸附质分子间发生的化学键变化使化学吸附的选择性较强。这也使得由于化学吸附速度通常较慢，且由于发生了化学变化，解吸出的物质性质发生了改变，故其吸附过程是不可逆的。根据是否需要活化能可将化学吸附分为活化吸附与非活化吸附：活化吸附需要一定的活化能且吸附速率较慢，而非活化吸附不需要活化能且进行速率较快[5,6]。

由于化学吸附中会形成化学键，因此化学吸附具有一定的选择性。吸附剂分子与吸附质分子之间的化学键作用强烈，在吸附剂表面主要形成单分子层吸附，通常用 Langmuir 等温吸附式即可描述。但并不是发生单层吸附的一定是化学吸附，如许多气体在活性炭上的单层吸附也属于物理吸附。

化学吸附类似于化学反应，其吸附热高，接近反应热（80~400kJ/mol），由于需要活化能，吸附温度通常也较高（远高于沸点），但对于不需要活化能的化学吸附，吸附温度会有所差异。

总体来讲，物理吸附和化学吸附在吸附热、吸附速度、吸附选择性、吸附层数、发生吸附的温度和解吸状态等方面有明显差异（见表 1-1）。

表 1-1　物理吸附与化学吸附的比较[5]

理化指标	物理吸附	化学吸附
作用力	范德瓦耳斯力	化学键力
吸附热	接近于液化热	接近化学反应热
选择性	无选择性，非表面专一性	有选择性，表面专一性
可逆性	可逆	不可逆
吸附层	多层吸附	单分子层吸附
吸附速度	快，活化能小	慢，活化能大
吸附温度	低于吸附质临界温度	远高于吸附质沸点
用途	测比表面积和孔径分布	进行催化反应

1.2　页岩吸附研究进展

页岩气是一种典型的非常规天然气资源，近年来已成为全球油气资源勘探开发的一大热门。世界页岩气资源非常丰富，主要分布在北美、中亚和中国。全球第一口页岩气井在 1821 年钻成于美国东部的阿巴拉契亚盆地的泥盆系，20 世纪 70 年代以后投入商业性开发，至今已有多年的发展历史。美国是全球实现页岩气商业性勘探开发最早的国家，在阿巴拉契亚、密歇根等多个盆地内成功地实现了页岩气商业性开采，2007 年美国页岩气生产井多达 41 700 多口，页岩气年产量接近 $500\times10^8\,\mathrm{m}^3$[7]（图 1-3）。2005 年以来，加拿大在其西部地区进行大规模页岩气资源潜力评价及开发先导性试验，2007 年其页岩气产量约 $10\times10^8\,\mathrm{m}^3$。中国对页岩气的研究始于 2005 年，页岩气的勘探开发现处于探索阶段[8]。

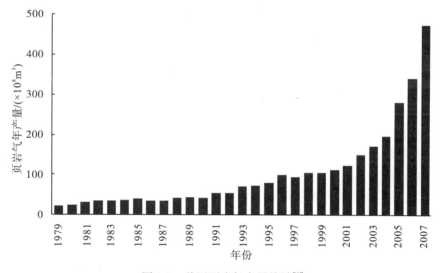

图 1-3　美国页岩气产量统计[7]

作为全球页岩气勘探开发最早的国家，美国页岩气勘探开发主要集中在阿巴拉契亚盆地、密歇根盆地、伊利诺伊盆地、沃兹堡盆地。其中以沃兹堡盆地的巴尼特页岩区最为显著。巴尼特页岩区于 1982 年见产，每天产气量为 $0.47\times10^8\,\mathrm{m}^3$[9]。其页岩的年产气量使得东纽瓦克气田成为得克萨斯州最大的气田。据 2007 年统计数据显示，巴尼特页岩区东纽瓦克气田的年产气量在美国排第二位。从 1993 年 1 月到 2006 年 1 月，巴尼特页岩区东纽瓦克气田的累计产气量约为 $509.70\times10^8\,\mathrm{m}^3$；2005 年，产气量达到 $135.92\times10^8\,\mathrm{m}^3$ 左右。预测东纽瓦克气田的探明天然气储量为 $707.91\times10^8\,\mathrm{m}^3$[10]。

从生产井数来看，图 1-4 显示巴尼特页岩区 1982～2006 年生产井数的变化。在气田开发的前 10 年，只有 99 口气井完井。在随后的 5 年内，又增加了 275 口井。1997 年后，由于水力压裂技术的成功，天然气可采储量增加 3 倍。随后的 9 年内共有 5829 口气井完井。至 2006 年 7 月，气田累计产气 $651.28\times10^8\,\mathrm{m}^3$，平均日产量为 $0.57\times10^8\,\mathrm{m}^3/\mathrm{d}$[11]。表明美国页岩气的勘探开发在其油气资源探索中已占据举足轻重的地位。

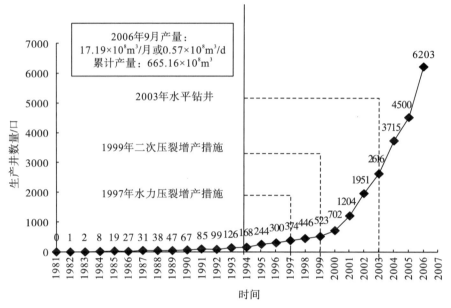

图 1-4   巴尼特页岩区产气井数随时间变化曲线[11]

    国内页岩气勘探开发方面,从 20 世纪 60 年代开始,我国陆续在不同盆地中发现了工业性泥页岩裂缝油气藏(表 1-2),目前已在西部(如吐哈盆地、酒西盆地、柴达木盆地等)、中部(如四川盆地、鄂尔多斯盆地等)及东部(如松辽盆地、渤海湾盆地(沾化凹陷、车镇凹陷、东淄凹陷、辽河东部凹陷等))、苏北盆地、南襄盆地及江汉盆地等发现并开发了泥页岩裂缝中的石油和天然气[12]。其中,四川盆地是南方古生界海相页岩中气显示最多的地区,以下寒武统筇竹寺组和下志留统龙马溪组两套页岩层最为有利。下寒武统筇竹寺组页岩形成于深水陆棚相带,埋深 1000~6000m,厚度可达 955m,气显示丰富,集中分布于川南地区,其中威 5 井 1966 年已获得页岩气 $2.46 \times 10^4 \text{m}^3/\text{d}$[13]。

表 1-2   我国已发现的页岩油气藏统计表[13]

盆地	地区	发现层位	岩性	类型	发现情况
四川	威远	下寒武统九姥洞组	暗色泥页岩	气	普遍见气测异常、气侵、井涌、井喷;威 5 井 2795~2798m 获气 $2.46 \times 10^4 \text{m}^3/\text{d}$;威 18 井井涌、井喷
	九奎山阳高寺	下志留统龙马溪组	深灰－灰黑色泥页岩	气	普遍见气测异常、气侵、井涌、井喷;阳 63 井于 3505~3518m 井喷,喷高达 25m,初获气 3500m³/d;隆 32 井获气 1948m³/d
	孝泉构造	中侏罗统沙溪庙/遂宁组	棕红色砂质泥岩	气	见井涌、井喷;110 井于 1850~1855m 获气 $1.4 \times 10^4 \text{m}^3/\text{d}$
松辽	古龙凹陷	下白垩统青山口组和嫩江组	黑色页岩	油	最早在大安构造大 4 井获油 2.66t/d;50 余口井见油气显示,7 口井产少量油气,5 口井工业油气流

盆地	地区	发现层位	岩性	类型	发现情况
渤海湾	济阳坳陷	沙一、三、四段	深色泥页岩	油	出油点多，320 余口见显示，120 余口见油层或含油水层，30 余口获油气流，最高产量 93t/d
	辽河坳陷	沙三、四段	深色泥页岩	油	兴隆台兴 8 井见显示，沈 224 井低产工业油气流
	临清坳陷东濮凹陷	沙三段	深色泥页岩	油	文古 2 井于 3110～3126m 见油斑，有井涌，气测异常；文古 300 井、文古 403 井均见气测和后效显示；老井复查文 6、文 18、文 201 井也见油斑、油浸等显示
南襄	南阳坳陷	古近系核桃园组	深灰色泥岩	油	红 10 井裂缝见油浸斑块，红 12 井裂缝中充满原油；魏 9 井见油流；另 4 口井见不同程度油气显示
柴达木	茫崖	中新统至上新统	暗色泥岩	油	狮子沟油田、油泉子油田

纵观国内外的页岩气勘探开发，页岩气研究价值已经凸显。因此，关于页岩储层性质、流体性质等的相关研究也迫切需要推进。

页岩吸附相关的实验研究主要包含两大类：一类为针对页岩吸附能力评价的高温高压甲烷等温吸附实验研究；另一类为针对页岩孔隙结构特征评价的低温液氮页岩等温吸附实验研究。围绕两类实验体系进行的与页岩吸附相关研究近年来在国内外都有较大进展。

1.2.1　高温高压甲烷吸附研究

1. 页岩吸附气量计算

以高压等温吸附实验为基础的页岩吸附气量计算分析中，采用甲烷作为吸附质，等温条件下得到压力与吸附气量的对应数据作等温吸附曲线。如图 1-5，以极限压力条件时的吸附体积为兰氏体积 V_L，以 1/2 兰氏体积对应的压力为兰氏压力 P_L，根据等温吸附式(1-1)计算吸附气体积，估算储层中吸附气量进而计算储量[14]。

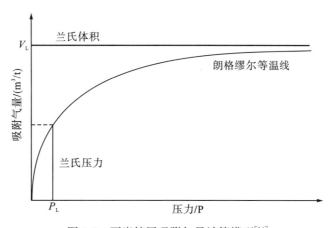

图 1-5　页岩储层吸附气量计算模型[14]

$$G_s = \frac{V_L P}{P + P_L} \tag{1-1}$$

式中：

G_s 为页岩中的吸附气量，m^3/t；

P 为压力，MPa。

2. 甲烷吸附影响因素研究

页岩中的吸附气量研究以高温高压甲烷吸附实验为基础，国内外学者围绕页岩吸附能力影响因素进行了大量研究。

1) 黏土矿物

页岩中含有大量的黏土矿物，黏土矿物天然气吸附能力取决于其内部结构、晶层之间孔隙的大小，以及岩石集合体的孔隙率和比表面积[15]。由于大多数黏土矿物具有明显的层状结构，从而增加了页岩中的吸附位数量，同时页岩气中存在许多极小的矿物颗粒，从而能形成很小的流动通道，这些通道因其具有巨大的比表面积而能吸附气体[16]。因此页岩中黏土矿物的含量是影响页岩吸附的重要因素[17]。但由于不同黏土矿物结晶结构及其所含结构水含量的差异会影响矿物片层之间的层间孔隙特征，而且其颗粒及矿物聚合体之间粒间孔隙的形态和大小也存在较大的差异，因此不同黏土矿物的比表面积和气体吸附性能存在明显差别[18]。

页岩中常见的矿物类型包括伊利石、蒙脱石、高岭石、绿泥石及伊蒙混层。不同矿物均在一定程度上影响了页岩的甲烷吸附能力。蒙脱石除了晶层薄片之间存在宽达 1nm 的狭缝状孔隙外，晶体内还存在由定向的薄片叠层之间的中断产生的 4nm 左右的孔隙[19]，微孔比例较高。故极大地增加了比表面积，为甲烷吸附提供了更多的吸附位；伊蒙混层中黏土矿物中的突起形成孔径约 $0.5 \sim 1.0 \mu m$ 的大孔和超大孔，而片状矿物层间存在大量 $10 \sim 50nm$ 的孔隙，使页岩比表面积显著提高；高岭石结晶程度较差，具有颗粒支撑结构，其颗粒多为六边形，板面叠置或书状排列的颗粒之间的缝隙宽约 $20 \sim 100nm$，虽比蒙脱石及伊利石中的孔隙大，但其表面化学性质活泼，亦可增加页岩对甲烷分子的结合能力；绿泥石结晶演化程度高，颗粒粗大，呈片状平行紧密排列，颗粒之间分布 $2 \sim 5\mu m$ 的大孔，部分片状颗粒间存在少量宽度约 400nm 的狭缝状孔隙，虽相对其他矿物而言比表面积较小，但其基本对甲烷分子的吸附能力大于对水分子的吸附能力，因此也在一定程度上增加了页岩中的吸附位；伊利石层间距多大于 0.45nm，而甲烷分子直径仅为 0.414nm，因此伊利石的层间间隔足够使得甲烷分子进入其中，故可增加甲烷的吸附量[20]。

但比较而言，蒙脱石的表面积最大，伊蒙混层次之，高岭石表面积则大大降低，绿泥石和伊利石的表面积较小[21]。故页岩中常见黏土矿物对吸附的影响程度为：蒙脱石≫伊蒙混层＞高岭石＞绿泥石＞伊利石[18]。

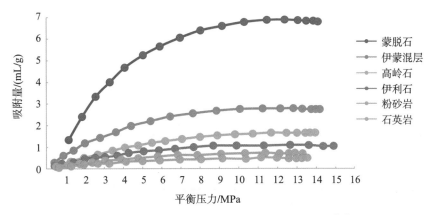

图 1-6　泥页岩主要黏土矿物组分甲烷吸附曲线[18]

2）总有机碳含量

贫有机质页岩吸附能力主要受黏土矿物含量影响，而富有机质页岩吸附能力主要与TOC 值相关。

通过对比干岩样及含有机质岩样的吸附能力发现，含有机质岩样的吸附能力明显优于干岩样，因此页岩中的有机质对甲烷吸附的影响不可忽略。研究发现，页岩有机质中微孔广泛发育，微孔的存在增大了页岩的比表面积，使页岩孔隙中可发生吸附的吸附位增多，因此富有机质页岩中有机质的含量与甲烷吸附量成正比[15,22]。但有机质含量高的页岩，甲烷吸附能力不一定好，这与页岩中有机组分的性质有关。如加拿大西部沉积盆地中侏罗系页岩，虽岩石中有机质含量较高，但有机质多为基质沥青质，CO_2 吸附实验反映样品中微孔含量不高，因此页岩的甲烷吸附能力相对较弱。而吸附能力较好的页岩中有机组分多由颗粒状的煤素质碎片组成，孔隙结构较好，微孔含量高，因此吸附能力较好[15]。

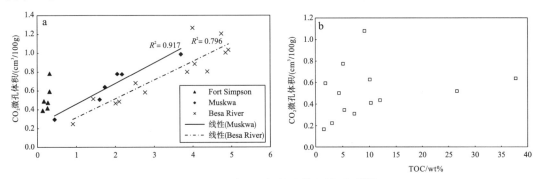

图 1-7　TOC 含量与微孔体积关系图[15]

3）有机质成熟度

成熟度较高的页岩中，成岩作用使页岩中有机组分发生结构变形产生大量的微孔[23]，同时减小了页岩有机质孔隙的非均质性[24]，增大了页岩比表面积，有利于气体吸附。而热成熟度低的页岩有机质中微孔含量较低，故甲烷吸附能力相对较弱。

但在评价有机质成熟度与页岩吸附能力关系时，也有采用其他物理量作为评价指标的方法。如在美国页岩气吸附性能相关研究中，有学者指出有机质成熟度与页岩的最大吸附量之间关系不明显，但成熟度与兰氏压力之间呈明显的鱼相关，有机质成熟度越高的页岩，兰氏压力越小[15]。表明甲烷分子在有机质成熟度较高页岩中发生吸附时，低压区甲烷吸附量上升较快，这是由于有机质成熟度高的页岩对甲烷分子的亲和力较大，在达到吸附平衡之前，已吸附的甲烷分子不易从页岩表面脱出，因此低压区吸附量大，兰氏压力较小[25]。

4）干酪根类型

干酪根类型与页岩高温甲烷吸附之间的关系较为复杂。由于干酪根类型由Ⅰ型到Ⅲ型的变化过程中，有机质中的 H/C 含量逐渐减少，则依据 TOC 含量将实测甲烷吸附量校正后，干酪根类型与最大甲烷吸附量（以兰氏体积计量）之间的关系表现为：Ⅲ型＞Ⅱ型＞Ⅰ型[25]。由于不同类型干酪根中有机质结构的差异，在富有机质页岩中甲烷最大吸附量还表现出了与干酪根中芳香烃含量有良好的正相关性。

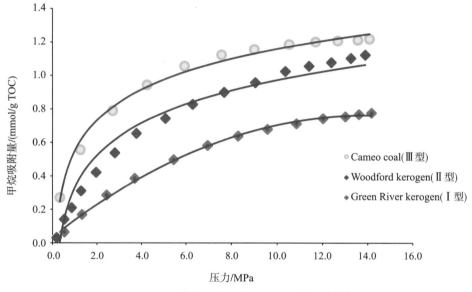

图 1-8　不同类型有机质的甲烷吸附能力[25]

然而在美国巴尼特页岩有机质与甲烷吸附量相关性的研究中[26]，干酪根类型为Ⅱ型的未成熟页岩的甲烷吸附量反而最高，这可能与其中煤素质的结构有关[27]：镜质组中以微孔和介孔为主，惰质组中以介孔为主，其余煤素质中多以大孔为主。不同尺寸的孔隙决定了有机质的吸附能力差异，因此干酪根类型与页岩甲烷吸附量之间的关系受控于多种因素，在不同页岩样品中体现出的规律也有所差异。

3. 变温吸附研究

根据页岩吸附的热量传递特征，页岩等温吸附是放热过程，而解吸是吸热过程，温度升高页岩吸附体系吸收热量，气体易于解吸，因此页岩吸附量会随着温度的升高而逐渐减少。而在实际地层中存在地温梯度，页岩储层温度会随着地层埋深的增加发生变化，因此储层中的吸附气含量也会受影响。只有明确页岩吸附气量与温度之间的关系才能准确有效地运用高温甲烷吸附实验评价页岩储层的吸附能力[17]。页岩甲烷吸附实验也证实了页岩吸附量随实验温度的增加而减小这一特征[28]（图 1-9）。

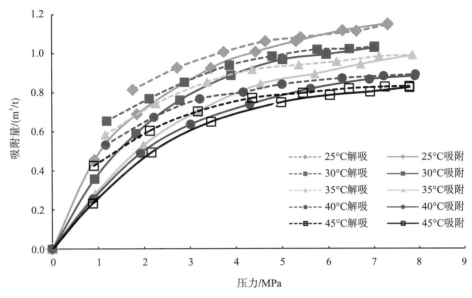

图 1-9　温度对页岩吸附－解吸特征影响[28]

1）吸附平衡常数法

在 Langmuir 等温吸附式中，热力学相关参数 b 为定值。但在温度条件发生变化时，参数应随温度的变化而改变。在分析温度对页岩吸附影响时，引入吸附平衡常数项 $k(T)$ 表征温度对吸附量的影响：

$$k(T) = k_0 T^{-\frac{1}{2}} \exp(-E/RT) \tag{1-2}$$

式中：

k_0 为温度相关常数；

T 为温度，K；

R 为气体常数，J/(mol·K)；

E 为特征吸附能，J。

故温度 T、压力 P 与吸附量之间的关系可表征为[17]

$$\theta = N_{ads}(P, T) / N_m = \frac{k(T)P}{1 + k(T)P} \tag{1-3}$$

式中：

θ 为表面覆盖率；

$N_{ads}(P, T)$ 为压力为 P，温度为 T 时单位体积吸附剂内的吸附量，m³/m³；

N_m 为单层最大吸附量，m³/m³；

$k(T)$ 为吸附平衡常数项；

P 为压力，MPa。

由此可计算不同温度、压力条件下的高温甲烷吸附量。将地层的压力梯度及低温梯度函数带入上述函数中，可研究不同埋深条件下的页岩吸附气含量[29]。

2)等量吸附热法

表征吸附热与温度及压力关系的 Clausius-Clapeyron 方程为

$$\frac{1}{P}\frac{\mathrm{d}P}{\mathrm{d}T} = \frac{q_{st}}{RT^2} \tag{1-4}$$

式中：

P 为压力，MPa；

T 为温度，K；

q_{st} 为等量吸附热，J；

R 为气体常数，J/(mol·K)。

方程积分变形得

$$\ln P = -q_{st}/RT + c \tag{1-5}$$

做多组不同温度下的页岩甲烷等温吸附实验。当吸附量为定值时，作 $\ln P\text{-}1/T$ 关系图，得到一组吸附等温线，对数据点进行直线拟合，由直线方程可计算不同吸附量下不同温度条件所对应的 $\ln P$ 值，同时，通过斜率值可计算等量吸附热。

吸附量与吸附热之间呈线性关系：

$$q_{st} = a_3 n + b_3 \tag{1-6}$$

式中：

n 为吸附量，m³/t。

由此可计算温度发生改变时，达到相同吸附量所需要的压力值[28]：

$$\ln P_2 = \ln P_1 + q_{st}/R\,T_1 - q_{st}/R\,T_2 \tag{1-7}$$

3)经验公式法

由于高温甲烷等温吸附曲线与变差函数球状模型相似，因此压力与吸附量的关系可表示为

$$V = a_0 + b_0 P + c_0 P^3 \tag{1-8}$$

式中：

V 为吸附量，m³/t；

a_0，b_0，c_0 均为常数；

P 为压力，MPa。

进行多组不同温度下的页岩甲烷吸附实验，取相同压力点不同实验温度下的吸附量进行拟合，可得温度与吸附量的关系式：

$$V = a + bT \tag{1-9}$$

式中：

V 为吸附量，m³/t；

a，b 均为常数；

T 为温度，K。

将上述两式合并，即得到同时考虑温度、压力的高温甲烷等温吸附式[30,31]：

$$V = a_1 + b_1 \times T + c_1 \times P + d_1 \times P^3 \tag{1-10}$$

1.2.2　低温液氮吸附研究

1. 低温液氮吸附实验

低温液氮等温吸附实验数据多用以分析样品的比表面积及孔径分布等。实验采用比表面及孔径分布分析仪(本书实验采用美国康塔公司 Quadrasorb SI 系列比表面及孔径分布分析仪)，实验可测量的孔径范围理论值为 0.35～400nm，实验以氮气为吸附质，在液氮环境中进行吸附实验(如图 1-10)，确保实验温度在 77K 左右。在压力 0～120kPa 范围内进行吸附-解吸实验，确保相对压力在 0～1 范围内。

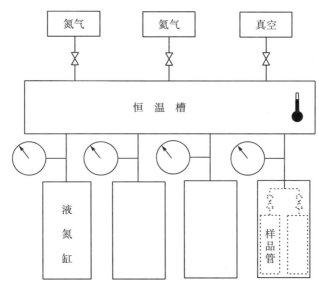

图 1-10　液氮实验装置图

1)制样及预处理

将样品制为 20～80 目的粉样，吸附实验前采用高真空法对样品进行脱气预处理以去除吸附剂表面的物理吸附物质[32]，在不引起吸附剂性质发生变化的温度、压力范围内进行脱气，对页岩而言通常的脱气温度约 80℃，保证吸附数据的重现性，且在吸附实验过程中不引起吸附剂表面发生不可逆的变化。

2)测定自由空间

在进行页岩样品的氮气吸附实验之前，需测定实验温度下空样品室的体积，并且在与其后进行的氮气吸附实验过程中相同的温度条件及压力范围中对该空样品室进行一次空白实验，从而达到校正样品体积的目的。

测定时，向歧管中充入惰性气体(多为氦气)使其压力达到 0.025MPa 左右，待氦气处于热平衡状态后记录歧管内平衡压力 P_{man} 及温度 T_{man}。将歧管内的氦气充入空样品室中，当其达到新的平衡后，记录此时的压力 P_1 及温度 T_1。重复上述步骤测定温度 T_i 及压力 P_i。测定结束后抽真空除去样品管中的氦气。

根据氦气压力数据，可以根据样品管的氦气体积与平衡压力之间的线性关系来确定

自由空间体积:

$$\frac{P_1 V_{\text{man}}}{T_{\text{man}}} = P_2 \left(\frac{V_{\text{man}}}{T_{\text{man}}} + \frac{V_{\text{fs}}}{T_{\text{std}}} \right) \tag{1-11}$$

式中:

V_{man}为歧管体积, m^3;

V_{fs}为自由空间体积, m^3;

T_{std}为标准温度, 273.15K。

3)确定饱和蒸汽压

向饱和压力管中充入氮气, 同时观察饱和管中的变化及压力值的改变。当压力达到饱和蒸汽压时, 氮气在饱和管中发生凝聚, 此时的平衡压力即为饱和蒸汽压 P_0。实验测定的饱和蒸汽压通常在 0.099~0.103MPa。

4)测定等温吸附-解吸曲线

实验中逐步向样品管中充入氮气, 使样品上的氮气压力逐渐增大, 当达到吸附平衡(压力计数值不再发生变化)后, 记录稳定压力 P, 并继续按一定的气量向样品管充入氮气, 逐个记录下各气量对应的平衡压力直至达到最大平衡压力(即相对压力至少达到0.9), 完成吸附支的数据测量。计量解吸支曲线时, 逐步降低样品管压力记录数据点。实验输出如图 1-11 所示等温吸附-解吸曲线。

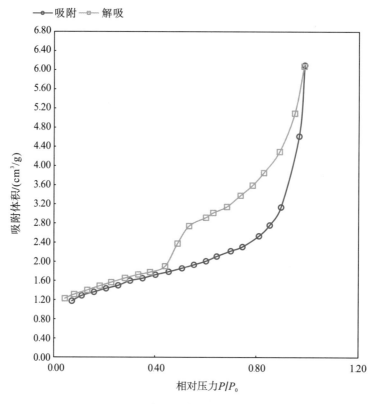

图 1-11　页岩样品等温吸附-解吸曲线

目前常见的可用作氮气吸附的实验仪器如表 1-3 所示。

表 1-3 氮气吸附实验仪器汇总表

仪器	可测数据	分析方法	比表面分析范围	孔直径分析范围	压力测试范围	压力测试精度	吸附气体	分析精度
孔径比表面积分析仪 SSA-4200	BET 比表面积、吸附及脱附等温线、BJH 孔体积分析、孔面积分析、总孔容积、总孔面积	真空静态容积法	下限优于 $0.01m^2/g$，无已知上限	$0.35\sim400nm$	$0\sim120kPa$	$\pm0.1\%$ FS	氮气	
比表面及孔径分析仪 SSA-4200	BET 比表面积、吸附及脱附等温线、BJH 孔体积分析、孔面积分析、总孔容积、总孔面积、Langmuir 法比表面积分析	静态容量法	下限优于 $0.01m^2/g$，无已知上限	$0.35\sim2nm$、$2\sim50nm$、$50\sim500nm$	$0\sim1000$ Torr（$133.3kPa$）	读数精度的 0.15%	氮气、氢气、氩气、一氧化碳、二氧化碳、甲烷等	重复性误差小于 $\pm1.5\%$
孔径比表面积分析仪 SSA-4300	BET 比表面积、吸附及脱附等温线、BJH 孔体积分析、孔面积分析、总孔容积、总孔面积	真空静态容量法	下限优于 $0.01m^2/g$，无已知上限	$0.35\sim400nm$	$0\sim120kPa$	$\pm0.1\%$ FS	氮气	
高性能微孔分析仪 Kubo-X1000	BET 比表面积、吸附及脱附等温线、BJH 孔体积分析、孔面积分析、总孔容积、总孔面积、t-plot 图法、MP 法微孔分析、HK 微孔孔径分布、FS 微孔孔径分布、DR、Langmuir 法比表面积分析	真空静态容量法	下限优于 $0.0005m^2/g$，无已知上限	$0.35\sim2nm$、$2\sim50nm$、$50\sim500nm$	$0\sim1Torr$、$0\sim10Torr$、$0\sim1000$ Torr	读数精度的 0.15%	氮气、氢气、氩气、一氧化碳、二氧化碳、甲烷等	重复性误差小于$\pm1\%$
微孔及比表面积分析仪 SSA-7200	BET 比表面积、吸附及脱附等温线、BJH 孔体积分析、孔面积分析、总孔容积、总孔面积、t-plot 图法微孔分析、MP 法微孔分析、HK 微孔孔径分布、FS 微孔孔径分布、DR、Langmuir 法比表面积分析	静态容量法	下限优于 $0.0005m^2/g$，无已知上限	$0.35\sim2nm$、$2\sim50nm$、$50\sim500nm$	$0\sim10Torr$、$0\sim1000$ Torr	读数精度的 0.15%	氮气、氢气、氩气、一氧化碳、二氧化碳、甲烷等	重复性误差小于$\pm1\%$
微孔及比表面积分析仪 SSA-7300	BET 比表面积、吸附及脱附等温线、BJH 孔体积分析、孔面积分析、总孔容积、总孔面积、t-plot 图法微孔分析、MP 法微孔分析、HK 微孔孔径分布、FS 微孔孔径分布、Langmuir 法比表面积分析	真空静态容量法	下限优于 $0.0005m^2/g$，无已知上限	$0.35\sim2nm$、$2\sim50nm$、$50\sim500nm$	$0\sim10Torr$、$0\sim1000$ Torr	读数精度的 0.15%	氮气、氢气、氩气、一氧化碳、二氧化碳、甲烷等	重复性误差小于$\pm1\%$
科研级多功能物理吸附仪 MFA-140	BET 比表面积、吸附及脱附等温线、BJH 孔体积分析、孔面积分析、总孔容积、总孔面积、t-plot 图法、MP 法微孔分析、HK 微孔孔径分布、FS 微孔孔径分布、DR、Langmuir 法比表面积分析、4 种 DFT 数据模型	真空静态容量法	下限优于 $0.0005m^2/g$，无已知上限	$0.35\sim2nm$、$2\sim50nm$、$50\sim500nm$	$0\sim1Torr$、$0\sim10Torr$、$0\sim1000$ Torr	读数精度的 0.15%	氮气、氢气、氩气、一氧化碳、二氧化碳、甲烷、氨气等	重复性误差小于$\pm1\%$
多功能吸附仪 MFA-170	BET 比表面积、吸附及脱附等温线、BJH 孔体积分析、孔面积分析、总孔容积、总孔面积、t-plot 图法微孔分析、MP 法微孔分析、HK 微孔孔径分布、FS 微孔孔径分布、Langmuir 法比表面积分析	真空静态容量法	下限优于 $0.0005m^2/g$，无已知上限	$0.35\sim2nm$、$2\sim50nm$、$50\sim500nm$	$0\sim10Torr$、$0\sim1000$ Torr	读数精度的 0.15%	氮气、氢气、氩气、一氧化碳、二氧化碳、甲烷等	重复性误差小于$\pm1\%$

2. 液氮吸附实验数据应用

低温液氮等温吸附实验用作多孔介质孔隙结构评价时，多采用以下方法。

1）多点 BET 计算比表面积

低温液氮等温吸附实验中，吸附分支主要用于计算样品的比表面积，解吸分支主要用于计算样品的孔径分布。

计算样品比表面积时多采用多点 BET 方法。虽然描述多层吸附模型的 BET 理论中，假设吸附质分子之间的作用力较弱，第一层吸附质分子与吸附剂之间的吸附热为常量，并且假设固体表面性质均匀[33]。这些假设都与实际页岩样品相差较远。但在页岩中发生毛细凝聚之前，样品的吸附数据能很好地满足 BET 线性方程[34]。因此根据《气体吸附 BET 法测定固态物质比表面积》（GB/T19587—2004）的规定，采用相对压力介于 $0.05\sim0.35$ 范围内的数据点进行页岩样品的比表面积计算。多点 BET 方法计算样品比表面积时，采用 BET 等温吸附式的线性表达式[35]：

$$\frac{P}{V(P_0 - P)} = \frac{1}{V_m c} + \left(\frac{c-1}{V_m c}\right)\frac{P}{P_0} \tag{1-12}$$

式中：

V 为吸附量，cm^3/g；

P 为压力，MPa；

P_0 为指定温度下吸附气体的饱和蒸汽压，MPa；

V_m 为单层最大吸附量，cm^3/g；

c 为吸附热相关系数；

根据表达式的斜率与截距即可计算样品的单层最大吸附量 V_m。

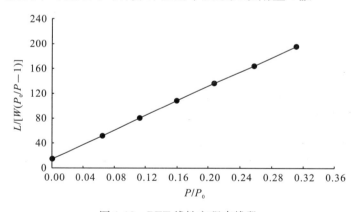

图 1-12 BET 线性方程直线段

如图 1-12，将实验所得 P_r-V 数据处理后，作 P/P_0 与 $P/V(P_0-P)$ 的直线图，根据直线段的斜率与截距，计算样品的单层饱和吸附量 V_m。由于 V_m 代表的是吸附剂孔隙表面完全覆盖上一层吸附质分子时的吸附质体积量，因此结合液氮分子直径 d，由：

$$S_{BET} = \frac{V_m}{d} \tag{1-13}$$

计算页岩样品由多点 BET 比表面积 S_{BET}，实际计算中常以 m^2/g 为比表面积计量单位。

2)α_s 法分析孔径分布

以相对压力为 0.4 时的吸附量 $V_{0.4}$ 代替单层最大吸附量 V_m，将吸附量 V 与 $V_{0.4}$ 的比值 $V/V_{0.4}$ 定义为 α_s，由标准试样实验得到的 α_s 与相对压力 P/P_0 的曲线为标准 α_s 曲线。根据标准 α_s 曲线得到实测样品的 V-α_s 曲线。若所得曲线过原点，说明待测吸附剂的等温吸附曲线与标准试样的等温吸附曲线一致，直线斜率为 $V_{0.4}$。当吸附剂中存在微孔及中孔时，α_s 曲线会偏离标准曲线，在已知标准试样比表面积 A 的情况下，由 α_s 曲线的斜率 s 可计算样品的比表面积 A_s[36]：

$$\frac{s_{试样}}{s_{标准}} = \frac{V_{0.4试样}}{V_{0.4标准}} = \frac{A_s}{A_{标准}} \tag{1-14}$$

3)t 图法分析孔隙结构

对非孔材料而言，吸附层厚度随压力的增加呈规律性的变化，则吸附层厚度与吸附量之间为一条标准曲线。由于页岩的表面化学性质不均匀，吸附层厚度的变化规律会与非孔材料有所差异，由此可分析页岩的孔隙结构。定义 t 为吸附层厚度：

$$t = t_m \frac{V}{V_m} \tag{1-15}$$

式中：

t_m 为单分子层厚度，nm；

V 为吸附量，cm³/g；

V_m 为单层最大吸附量，cm³/g。

对氮气而言，$t_m = 0.354$nm。利用吸附层厚度公式及相对压力与吸附量的数据将相对压力数据转换为吸附层厚度 t，如果所得的曲线是过原点的直线，则可根据直线的斜率 $s = V_m/t_m$ 求取样品的比表面积 A_s：

$$A_S = a_m t_m s N \tag{1-16}$$

式中：

a_m 为单个分子占有面积，m²/g；

N 为阿伏伽德罗常数，6.022×10^{23}。

对于含有微孔、中孔的材料，所得的 t 曲线会偏离标准曲线。当吸附剂中含有微孔时，等温吸附曲线会在相对压力很低时急剧上升（如图 1-13），所得的 t 曲线截距会发生改变，由一条过原点的直线 a 变为直线 b；当吸附剂中含有中孔时，随着压力的上升，吸附剂中会发生毛细凝聚现象，吸附量急剧上升（如图 1-14），而在 t 曲线上则表现为由直线 b 变为直线 c。

由此在 t 曲线上的三段直线段可用以分析样品的孔隙结构特征：

直线段 a 和直线段 b 的转折点 A 所对应的 t 值代表了微孔半径，则直线段 a 的斜率对应了包含微孔内表面积在内的总表面积，若吸附剂中只有微孔，则可以由直线段 b 的斜率计算样品的外表面积，二者相减则为微孔的总表面积；当吸附剂中含有中孔时除了直线段 a 与直线段 b 的转折点 A 以外，还有直线段 b 与直线段 c 之间的转折点 B，B 点对应的 t 即为中孔半径，微孔容积则可有直线段 b 向外延伸，与纵轴相交的交点 C 可计算微孔容积[37]。

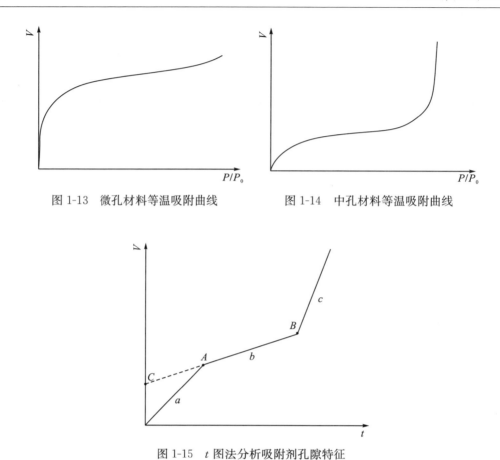

图 1-13　微孔材料等温吸附曲线　　　　　图 1-14　中孔材料等温吸附曲线

图 1-15　t 图法分析吸附剂孔隙特征

对于实际页岩样品而言，所得的 t 曲线也呈明显的三段式（如图 1-16），若想分析其孔径分布特征，则需要更复杂与精细的方法来计算，如 BJH 算法。

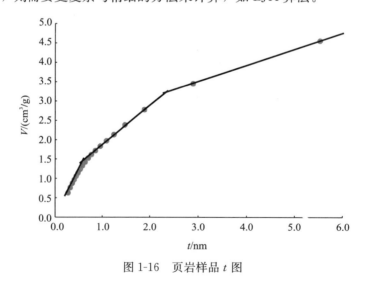

图 1-16　页岩样品 t 图

4）BJH 算法计算孔径分布

运用 Kelvin 方程可以计算等温吸附过程中任何相对压力点的孔隙半径。根据毛细凝聚理论假设，所有半径小于某尺寸的孔隙在尺寸对应的吸附压力下都会被充填，因此可得到累计孔隙体积。通过假设孔隙体积被液体充填可得到累计孔体积，然后通过对孔隙半径的函数累计孔体积进行求导得到孔径分布。

由 Barrett、Joyner 和 Halenda 提出的 BJH 方法的基础假设为[38]：所有孔隙为非交叉的圆柱形孔；半球形弯液面接触角为 0 或完全润湿。

（1）Kelvin 方程。对于发生毛细凝聚而形成的弯月液面而言，弯月液面平均曲率半径 r_m 与曲面上两个相互垂直面的曲率半径 r_1、r_2 满足关系[39]：

$$r_\mathrm{m} = \frac{1}{r_1} + \frac{1}{r_2} \tag{1-17}$$

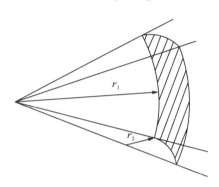

图 1-17　弯月液面曲率半径示意图[39]

对于球形曲面：

$$r_1 = r_2 = r_\mathrm{m} \tag{1-18}$$

对于圆柱形曲面：

$$r_2 = \infty ; r_\mathrm{m} = 2r \tag{1-19}$$

对处于气液两相平衡的一单组分体系，此时气液两相的化学势相等：

$$\mu^\mathrm{g} = \mu^\mathrm{l} \tag{1-20}$$

如果在等温条件下，因一个微小的变化从一个平衡态变化至另一个平衡态，则有

$$\mathrm{d}\mu^\mathrm{g} = \mathrm{d}\mu^\mathrm{l} \tag{1-21}$$

又由：

$$\mathrm{d}\mu^\mathrm{g} = -S^\mathrm{g}\mathrm{d}T + V^\mathrm{g}\mathrm{d}P^\mathrm{g} \tag{1-22}$$

$$\mathrm{d}\mu^\mathrm{l} = -S^\mathrm{l}\mathrm{d}T + V^\mathrm{l}\mathrm{d}P^\mathrm{l} \tag{1-23}$$

在等温条件下，$\mathrm{d}T = 0$，则

$$V^\mathrm{g}\mathrm{d}P^\mathrm{g} = V^\mathrm{l}\mathrm{d}P^\mathrm{l} \tag{1-24}$$

根据 Laplace 方程：

$$\mathrm{d}P^\mathrm{l} - \mathrm{d}P^\mathrm{g} = \mathrm{d}\frac{2\sigma}{r_\mathrm{m}} \tag{1-25}$$

式中：

σ 表面张力，N/m。

将式（1-25）带入式（1-24）中得

$$d\left(\frac{2\sigma}{r_m}\right) = \frac{V^g - V^l}{V^g}d P^l; V^g \leqslant V^l \tag{1-26}$$

因此：

$$d\left(\frac{2\sigma}{r_m}\right) = \frac{RT}{V^g}\frac{d P^l}{P^l} \tag{1-27}$$

对上式进行积分，则得到描述毛细凝聚的 Kelvin 方程：

$$\ln\left(\frac{P}{P_0}\right) = -\frac{2\sigma V_M}{RT r_m} \tag{1-28}$$

式中：

P_0 为纯物质平液面的饱和蒸汽压，MPa；

P 为纯物质弯月液面的饱和蒸汽压，MPa；

σ 为液体的表面张力，mN/m；

V_M 为液体的摩尔体积，cm^3/mol；

R 为理想气体常数，J/(mol·K)；

T 为温度，K。

（2）孔径分布计算。设圆筒半径为r_p，毛细凝聚半径为r_k，多分子层厚度为t，如图 1-18 所示。则三者之间满足关系式：

$$r_k + t = r_p \tag{1-29}$$

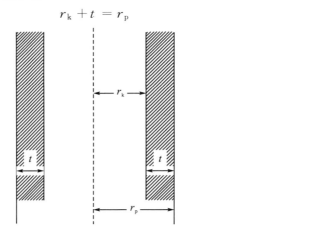

图 1-18 毛细凝聚与多层吸附厚度

根据实测相对压力 P/P_0 与吸附体积 V 之间的关系计算多层吸附层厚度 t，毛细管凝聚半径r_k，以及每次脱附暴露的表面积 ΔS，分别计算出脱出的毛细管凝聚物体积 ΔV_k，以及多层吸附膜减薄的体积ΔV_f。

发生毛细凝聚部分半径满足 Kelvin 方程：

$$\ln\left(\frac{P}{P_0}\right) = \frac{2\sigma V_M \cos\theta}{RTr} \tag{1-30}$$

式中：

R 为气体常数，J/(mol·K)；

T 为实验温度，K；

P 为实验压力，MPa；

P_0 为实验温度下吸附质的饱和蒸汽压，MPa；

r 为孔半径，nm；

θ 为润湿接触角，(°)；

V_M 为液体摩尔体积，cm^3/mol；

σ 为液体表面张力，mN/m。

在运算过程中为使计算简化，润湿接触角 θ 取 0°，得毛细凝聚物半径 r_k 与压力 P 的关系式为

$$r_k = \frac{2\sigma V_m}{RT \ln\left(\dfrac{P}{P_0}\right)} \tag{1-31}$$

由于孔隙中同时存在毛细凝聚物与多层吸附膜，多层吸附膜厚度 t 由 Halsey 方程确定[40]：

$$t = t_m \times \left[\frac{5}{\lg\left(\dfrac{P_0}{P}\right)}\right]^{\frac{1}{3}} \tag{1-32}$$

式中：

t 为多层吸附膜厚度，nm；

t_m 为单层吸附质分子厚度，nm。

则吸附剂孔隙半径可由参数 r_k 与 t 求出。

根据实验所得吸附体积数据，可得第 i 次压降脱附出的气体量（cm^3/g）：

$$\Delta V_i = V_{i-1} - V_i \tag{1-33}$$

为使各体积量度方式一致，利用转换因子将脱附出的气体体积 ΔV_g 换算为液态氮体积 ΔV_L：

$$\Delta V_L = 1.5478 \times 10^{-3} \times \Delta V_g \tag{1-34}$$

假定在最高压力处，所有的孔均发生毛细凝聚，则第一次压降脱附出的气体量即为第一次压降脱附出的毛细凝聚物的体积[41]：

$$\Delta V_1 = \Delta V_{k1} \tag{1-35}$$

式中：

V_{ki} 为第 i 次压降脱附出的毛细凝聚物体积，cm^3/g。

为校正孔半径与孔心半径差异对计算结果的影响，引入修正因子 Q 进行校正。由于计算采用的是圆筒模型，圆筒体积 V 与 r^2 成正比，因此修正因子为

$$Q = \left(\frac{\overline{r_p}}{r_k + \Delta t}\right)^2 \tag{1-36}$$

则第 i 次压降暴露出的孔体积为：

$$\Delta V_{pi} = Q \cdot \Delta V_{ki} \tag{1-37}$$

对于第 $i+1$ 个相对压力点，根据所选模型内表面与半径及体积之间的关系，暴露的孔体积对应暴露的表面积为

$$\Delta S_i = \frac{2\,\Delta V_{pi}}{r_p} \tag{1-38}$$

式中：

ΔS_i 为第 i 次压降所暴露的孔体积的内表面积，cm^2/g。

第 i 次压降对应的暴露表面积 ΔS_i 用于计算第 $i+1$ 次压降的多层吸附体积变化量 ΔV_{fi+1}：

$$\Delta V_{fi+1} = C \Delta t_i \sum \Delta S_i \qquad (1\text{-}39)$$

式中 C 不仅随吸附剂孔组变化而变化，同时即使对于同一孔组压力变化，其 C 值也会随之改变，因此计算十分烦琐。经验表明，C 值的变化范围在 $0.72\sim0.97$，因此计算中多采用中间值 0.85 来简化运算。

由此，第 $i+1$ 次压降所脱附出的毛细凝聚物体积为

$$\Delta V_{ki+1} = \Delta V_{i+1} - \Delta V_{fi+1} \qquad (1\text{-}40)$$

则同样根据式(1-37)计算该压力点对应的孔隙体积。以 D1 号样品为例，根据该方法计算的孔径分布数据如表 1-4 所示，进而可得出样品的孔径分布曲线如图 1-19 所示。

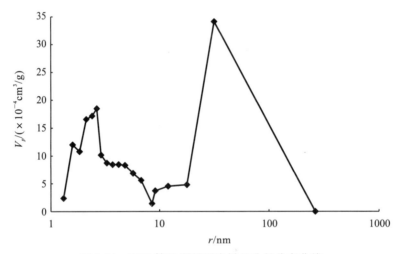

图 1-19 BJH 算法所得页岩样品孔径分布曲线

3. 液氮吸附影响因素研究

分别测量去有机质页岩样品及页岩原样的氮气吸附量可评价有机质对页岩氮气吸附的影响。富含有机质的页岩中有机质占据原始骨架孔隙两端的喉道，堵塞了氮气分子进入孔隙空间内的通道，因此有机质含量与氮气吸附量之间呈反比关系。

而黏土矿物对氮气吸附的影响则不同，尤其是伊蒙混层中，黏土矿物的存在增加了页岩样品的比表面积，使氮气吸附量显著增加，因此对氮气吸附起促进作用[42]。

表 1-4　D1 样品孔径分布计算结果

P/P_0	υ	r_k	t	Δt	r_p	ΔV	ΔV_L	Q	ΔV_p	ΔS	$\Sigma\Delta S$	ΔV_k	ΔV_f
0.991622	11.3969	262.1894	2.976263	0	265.1657	—	0	—	—	0	0	0	0
0.929201	9.2111	30.04045	1.445556	1.530706	31.48601	2.1858	0.003381	1.009235	0.003412	0.000217	0.000217	0.003381	0
0.874603	8.7445	16.46358	1.182972	0.262585	17.64655	0.4666	0.000722	1.091449	0.00048	5.44E-05	0.000271	0.00044	0.000282
0.816959	8.449	10.91119	1.031392	0.15158	11.94259	0.2955	0.000457	1.142871	0.000453	7.59E-05	0.000347	0.000397	6.05E-05
0.764311	8.2193	8.206981	0.937981	0.093411	9.144962	0.2297	0.000355	1.193198	0.000371	8.10E-05	0.000428	0.000311	4.47E-05
0.748996	8.1235	7.632219	0.915552	0.022429	8.547772	0.0958	0.000148	1.240701	0.000142	3.32E-05	0.000461	0.000114	3.40E-05
0.689647	7.8287	5.936551	0.841998	0.073554	6.778549	0.2948	0.000456	1.248615	0.000558	0.000165	0.000626	0.000447	8.79E-06
0.638115	7.4622	4.910276	0.790378	0.05162	5.700654	0.3665	0.000567	1.298794	0.000685	0.00024	0.000866	0.000528	3.91E-05
0.582813	7.0369	4.085797	0.743404	0.046974	4.829202	0.4253	0.000658	1.341884	0.000832	0.000344	0.001211	0.00062	3.80E-05
0.534668	6.6127	3.523149	0.707582	0.035823	4.230731	0.4242	0.000656	1.391427	0.000846	0.0004	0.001611	0.000608	4.83E-05
0.485666	6.201	3.05424	0.674684	0.032897	3.728924	0.4117	0.000637	1.435608	0.000844	0.000453	0.002063	0.000588	4.90E-05
0.436211	5.7829	2.65887	0.64217	0.030468	3.303087	0.4181	0.000647	1.483196	0.000874	0.000529	0.002592	0.000589	5.77E-05
0.383994	5.3114	2.304682	0.614238	0.029979	2.91892	0.4715	0.000729	1.534074	0.001016	0.000696	0.003288	0.000662	6.71E-05
0.343582	4.5085	2.06479	0.592141	0.022097	2.656931	0.8029	0.001242	1.595964	0.001848	0.001391	0.00468	0.001158	8.38E-05
0.300435	3.7774	1.834372	0.56924	0.022901	2.403612	0.7311	0.001131	1.645539	0.001716	0.001428	0.006108	0.001043	8.79E-05
0.24607	3.0708	1.573222	0.540833	0.028407	2.114055	0.7066	0.001093	1.700474	0.001656	0.001567	0.007675	0.000974	0.000119
0.18966	2.5598	1.326825	0.51098	0.029852	1.837805	0.511	0.00079	1.782758	0.001079	0.001174	0.008849	0.000605	0.000185
0.136598	2.0037	1.108084	0.481198	0.029782	1.589282	0.5561	0.00086	1.887524	0.0012	0.00151	0.010359	0.000636	0.000225
0.079076	1.7578	0.869362	0.443813	0.037385	1.313174	0.2459	0.00038	2.000254	0.000236	0.00036	0.010718	0.000118	0.000262

第 2 章　等温吸附曲线及滞后环

2.1　等温吸附曲线及分类

等温吸附发生过程中，通常吸附质量（或体积）会随着压力（或平衡浓度）的增加而变化，而描述这种变化过程的曲线称为等温吸附曲线。在气－固吸附中，通常以压力 P（或相对压力 P/P_0）为横坐标，吸附体积 V（或吸附质量 m）为纵坐标作等温吸附曲线；在溶液吸附中，通常以平衡浓度 C 为横坐标，吸附量 q 为纵坐标作等温吸附曲线。根据等温吸附曲线形态或吸附－解吸曲线形成的滞后环形态，形成了多种等温吸附曲线的分类方法。

2.1.1　BDDT 分类

Brunauer 等将气－固等温吸附曲线分为五大类[43]（图 2-1）。Ⅰ型等温线反映单分子层吸附。曲线满足 Langmuir 等温吸附式[44]，故也称为 Langmuir 等温吸附曲线。在氧气、一氧化碳或氢气与金属的表面反应中常见这种类型。Ⅱ型等温线反映吸附中存在单层及多层吸附。非多孔性金属氧化物粒子吸附氮气或水蒸气时常见这种类型。这种等温线也称 BET 型等温线[45]。Ⅲ型等温线反映气体分子和固体表面的吸附相互作用小于气体分子之间的相互作用，在低压区的吸附量较少，高压区吸附量快速增加。如水蒸气在石墨表面吸附。Ⅳ型等温线在达到某一个相对压力后，吸附质发生毛细凝聚，等温线迅速上升，解吸曲线与吸附曲线不重合，产生吸附滞后。例如氮气、有机蒸气和水蒸气在硅胶上的吸附。Ⅴ型等温线发生在多孔固体上，表面相互作用与Ⅲ型相同。如水蒸气在活性炭上的吸附。

Gregg 等[46]在 BDDT 分类基础上增加了Ⅵ型曲线，其形态如图 2-1 所示。Ⅵ型等温线呈多个阶梯状，在实际等温吸附中不常见。

Gregg 等描述了 BDDT 分类中各类曲线与 BET 方程中参数 c 或 BET 原始方程中参数 n 的对应关系，并指出 BET 理论与 BDDT 分类忽视了温度高于临界温度的情况和被吸附的分子之间的相互作用力[47]。Pierce 和 Smith 等将滞后现象解释为在平板表面及孔径较宽的毛细管中离散吸附块的合并及分离，在此基础上分析了 BDDT 分类中各类型曲线与吸附块离散、合并的关系[48]。Kipling 和 Wilson 指出碳极性质影响吸附曲线形态。当碳极的原材料为三聚氰胺－甲醛树脂时，在 20℃时水蒸气的吸附曲线为 BDDT 分类中未出现的直线型吸附曲线[49]。Frost 指出 BDDT 分类中不同类型的曲线反映不同的孔隙大小。当吸附剂只有微孔时，曲线形态为 I 型；当吸附剂只有过渡型孔隙或大孔隙，或者两者同时存在时，曲线形态为 I、II、IV 型曲线的综合[50]。Sing 对 BDDT 分类中的 I 型曲线做出了两种解释。第一种解释为吸附过程只发生了单层吸附，最大吸附量为单层最大吸附量；第二种解释为吸附剂中只有微孔，最大吸附量为微孔体积[51]。Banares 等分析了不同温度下氮气在二硫化钨（WS$_2$）上的吸附解吸曲线。在 77K 和 87K 温度时，曲线属于 BDDT 分类中的 II 型，对应的吸附剂是无孔或者大孔固体[52]。Maroto-Valer 和 Schobert 运用 BDDT 分类中不同类型的曲线对应的孔隙大小有差别的特点，比较了碳活化前后孔隙大小的变化[53]。Chaiyan 和 Virote 根据 BDDT 分类中 I 型曲线对应微孔材料的吸附剂、IV 型曲线对应介孔材料的吸附剂，判断出咖啡残渣和咖啡炭为微孔材料、咖啡活性炭为介孔材料[54]。Peng Yuan 等根据氮气在 Ti-AD-300 和 Ti-EAD-300 上的吸附曲线都属于 BDDT 分类中的 IV 型，判断吸附剂存在介孔结构。同时，两条吸附曲线在低压区都显示出 BDDT 分类中的 I 型的曲线特点，表明吸附剂中也存在微孔结构[55]。Onu-ma 等由于氮气在砂、黏土、棉纤维等中吸附的曲线为 BDDT 分类的 II 型，因此选取 BET 方程计算这些吸附剂比表面积[56]。Safaei 等也根据氮气在碳纳米管和纳米线样品中吸附的曲线属于 BDDT 分类中的 IV 型，由此判断样品中存在介孔[57]。

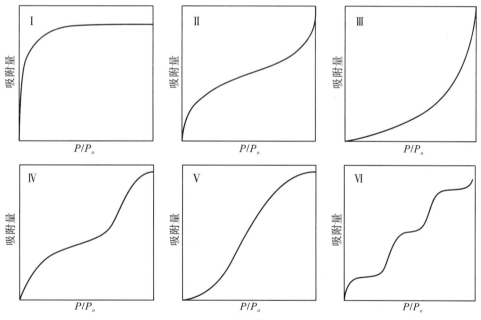

图 2-1　BDDT 等温吸附曲线分类[43,46]

2.1.2　de Boer 分类

de Boer 根据滞后环的形态将等温吸附曲线分为五种类型，每种曲线类型对应一种孔隙形态（图 2-2）[58]。A 类曲线滞后环出现在中等相对压力区域，且在高压区吸附、解吸曲线较为陡直。其对应的典型孔隙是两端开口的柱状毛细孔。B 类曲线滞后环的特点是在压力接近饱和蒸汽压时吸附曲线急剧上升，而解吸曲线在中等相对压力时迅速下降，与其相应的典型孔隙形态是平板状狭缝。C 类吸附曲线在中等相对压力时很陡，而解吸曲线平缓变化。它反映的典型孔隙形态是锥型或双锥形孔。D 类吸附曲线与 B 类的相似，不同的是解吸曲线一直平缓下降。其相应的孔隙形态是四面开放的倾斜板交错重叠的缝隙。解吸时因板壁不平行，吸附量不会陡然下降，而是缓慢变化。E 类滞后环的吸附曲线变化缓慢而解吸曲线陡直下降，其相应的典型孔结构是口小腔大。吸附时弯月液面曲率半径逐渐变化，故吸附曲线变化缓慢。而解吸是从曲率半径最小的孔口开始，一旦此处解吸，腔体内的吸附质必然骤然逸出。

Mikhail 等据此判断硬质硅酸盐胶结物的孔隙为宽度变化的板状毛细管或体腔宽、开口处狭窄的毛细管，并通过电镜检查证实了孔隙形态[59]。Crosby 等分别对比了氮气在沉淀年龄相同铁含量不同的含铁沉淀物以及沉淀时间不同但铁含量相同的含铁沉淀物间的等温吸附曲线，并根据 de Boer 分类分析了样品的孔隙形态[60]。Ball 和 Evans 阐述了中孔吸附剂的两类孔隙模型为：一是独立圆柱状孔隙，二是相互连通的网状孔隙。通过密度函数理论探讨了两种模型的吸附解吸曲线，认为两种模型分别与 de Boer 分类 A 类及 E 类型曲线对应[61]。Mercera 等在氧化锆吸附氮气的实验中发现，随着煅烧温度的增加，滞后环形态由 de Boer 分类中的 E 型逐渐变为 A 型。表明在烧结过程中随着温度增加，由于晶体生长和微晶烧结作用，吸附剂孔隙形态由墨水瓶形向圆柱状转变[62]。Banares 等分析了不同温度下氮气在二硫化钨上的吸附解吸曲线，其中在 77K 温度时属于 de Boer 分类中的 A 型，判断其孔隙形态为两端开口的圆柱状孔[52]。Chunyan Fan 等发现，在简单的开口两端宽度均匀的狭缝孔模型中，孔隙的宽度沿着孔线性变化时，等温吸附曲线形态由 de Boer 分类中的 A 型转变为 C 型或 D 型。对于凸孔壁，等温吸附曲线形态由 A 型转变为 C 型。对于凹孔壁，等温吸附曲线形态由 A 型转变为 C 型或不变化[63]。

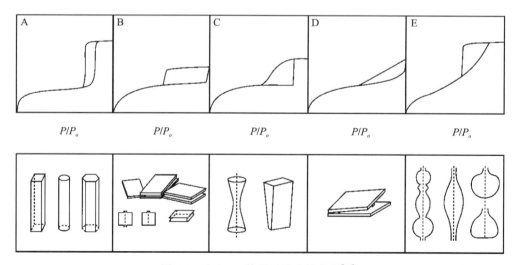

图 2-2 de Boer 等温吸附曲线分类[58]

2.1.3　IUPAC 分类

Sing 等基于 de Boer 分类，结合孔隙结构及滞后环形态归纳出 H1～H4 四种曲线类型(图 2-3)[51]。H1 型吸附曲线和解吸曲线几乎相互平行并垂直于相对压力轴，纵向上跨度很大。H1 型曲线通常对应于典型的圆柱形孔隙或均匀的球形孔隙。H4 型曲线中吸附和解析曲线呈相互平行的水平状，并跨越了很大的相对压力范围。滞后环对应狭窄的狭缝形孔隙，通常在微孔材料中出现。有时 H2 型和 H3 型被认为是介于 H1 型和 H4 型这两个极端之间。过去认为 H2 型滞后环的形成是由于在墨水瓶形孔隙中发生的凝聚和蒸发的机制不同，但是现在认识到将孔隙简化为墨水瓶形过于简单，需要考虑相互连通的孔隙之间网络效应的影响。H3 型滞后环对应的是平板状聚合物粒子形成的狭缝型孔隙，在高相对压力区不表现出任何限制吸附的现象。

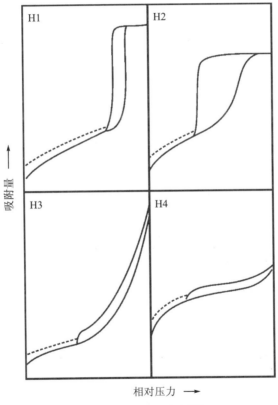

图 2-3　IUPAC 分类[51]

这种 IUPAC 分类被广泛应用。Ulibarri 等应用等温吸附曲线对比经过不同时间和温度热处理后，碱式铝锂内部的晶体大小，结晶应变，比表面积的变化。发现未处理过的样品的吸附曲线的滞后环为 IUPAC 分类中 H1 型，而在 60℃ 热液中处理 48h 的样品曲线中滞后环为 H3 型[64]。Burgess 等通过实验对比分析了不同的吸附质、吸附剂种类和温度对滞后环的形态、大小的影响，并判断出氙气在多孔玻璃上的吸附滞后环为 IUPAC 分类的 H1 型，而在活性炭上的吸附为 H4 型[65]。Efremov 等分析了晶格大小、晶格平均连通性、微孔体积分数及外表面积比例对滞后环形态的影响。当晶格大小减小时，滞后环类型由 IUPAC 分类的 H2 型变为 H1 型；当微孔体积分数逐渐增高时，滞后环由 H2 型变为 H4 型；当外表面积比例增加时，滞后环类型由 H2 型转变成 H3 型[66]。Jianwen Jiang 等使用测量管蒙特卡洛模拟法模拟不同温度甲烷在碳纳米管中的吸附。当温度为 120K 时，滞后环属于 IUPAC 分类的 H1 型[67]。Thommes 以 IUPAC 分类为基础，研究了墨水瓶形孔隙中的吸附机理，进一步认识了多孔纳米材料的物理吸附特征[68]。Chun-yan Fan 等发现，在简单的一端开口封闭的狭缝毛孔中，对于凹孔壁，等温吸附曲线形态不变。对于凸孔壁，等温吸附曲线形态由 H1 型转变为 H2 型或不变化。当宽的一端封闭时，曲线形态由 H1 型转变为 H2 型或不变化[63]。

2.1.4　Gibbs 分类

　　Donohue 等提出了基于 Ono-kondo 晶格理论模型[69]的新的吸附等温线分类——Gibbs 分类(图 2-4)[70]。Ⅰ型是亚临界，近临界及超临界条件下在微孔吸附剂中的吸附等温线。在超临界条件下，等温吸附曲线不完全是单调递增的。Ⅱ型和Ⅲ型等温吸附曲线分别给出了在亲和力较强和较弱的大孔吸附剂上的等温吸附曲线。在较低的温度下，吸附等温线有着多个吸附步骤，但随着温度的升高等温线变成平缓的单调递增曲线，这与 BDDT 分类中的Ⅱ型和Ⅲ型类似。但是，达到临界温度时，曲线显现出很尖锐的极大值，随着温度的进一步增加，曲线变平缓。Ⅳ型和Ⅴ型等温吸附曲线出现在亲和力较强和较弱的中孔吸附剂上。在较低的温度下，等温吸附曲线会出现滞后环。但并没有实验数据表明，滞后环在超临界条件下将不会出现。

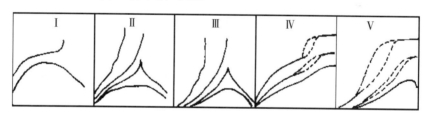

图 2-4　Gibbs 等温吸附曲线的五种类型

2.2　滞后环成因分析

　　实测低温液氮页岩等温吸附曲线，均属于 BDDT 曲线分类中的Ⅳ型或Ⅴ型，即吸附-解吸曲线间存在滞后环。关于滞后环的解释，多认为是与毛细凝聚现象及孔隙形态等有关。

1. 润湿接触角

　　由于表面张力的存在，吸附质与固体表面间存在接触角。Zigmondy 认为，在孔隙中发生的吸附是一个润湿固体表面的过程，此时的润湿接触角为前进角；而当发生解吸时，是液体从已润湿的固体表面上逐渐向后退的过程，此时的润湿接触角为后退角。前进角一般大于后退角，故达到相同吸附量时，发生解吸时的平衡相对压力比吸附时小，因此产生解吸滞后现象[71]。

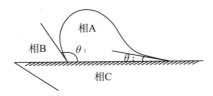

图 2-5　前进角 θ_1 后退角 θ_2 示意图

2.孔隙形态

不同形态孔隙中吸附－解吸规律的差异也会导致滞后现象的产生，主要体现在墨水瓶形孔隙及圆柱形孔隙中。

McBain 和 Kramer 认为，滞后现象可用墨水瓶形孔隙进行解释。假设孔隙是一个腔体较大而两端开口较小的墨水瓶形（如图 2-6 所示），随着压力的升高，吸附质在孔隙内逐渐发生吸附，腔体内的吸附层逐渐增厚，直至孔隙被充满。而随着压力降低孔隙内发生解吸时，根据压力与半径的对应关系，半径相对较大的孔隙内的吸附质首先解吸出来。但由于解吸压力还高于"瓶口"处解吸时所需的压力，因此解吸通道被堵塞，腔体内本可解吸出来的吸附质不能顺利解吸。只有当压力降低至"瓶口"处吸附质解吸所需压力时，整个孔隙内的吸附质才会快速地全部解吸出来，从而在解吸曲线上存在滞后现象[72,73]。

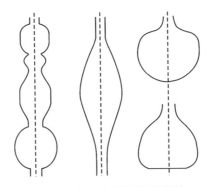

图 2-6　墨水瓶形孔隙示意图

而以圆柱形孔隙为模型的解释中，假设孔隙为一个两端开口的圆柱形，Foster 和 Cohan 认为，圆柱形孔隙中的弯月液面的形成与消失过程有所差异。如图 2-7 所示[74]，当发生吸附时，首先在圆柱形内壁上形成一层很薄的吸附膜，此时的弯月液面沿孔隙内壁形成，其形状与孔隙内壁形态一致。随着相对压力增加，吸附膜逐渐增厚直至吸附质堆积到孔隙中心，最终形成较厚的凹透镜状的液相吸附质聚集。而发生解吸时，随着压力逐渐降低，凹透镜状的液相厚度逐渐变薄，形成两个相隔较近且相反方向的弯月液面，弯月液面厚度减薄的速度小于吸附时厚度增大的速度，因此由于吸附－解吸时的弯月液面形成方式不同，导致解吸滞后现象的产生[75,76]。

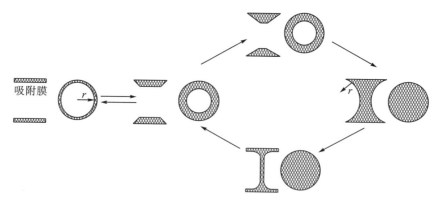

图 2-7　圆筒形孔隙吸附－解吸滞后机理[74]

目前应用较为广泛的一种解释为以墨水瓶形为孔隙模型的解释。

3.毛细凝聚现象

毛细凝聚现象被认为是解吸滞后最根本的原因。毛细凝聚现象是指在一个毛细孔内，因吸附作用形成一个凹液面，与该液面成平衡的蒸气压 P 必小于同一温度下平液面的饱和蒸气压 P_0。毛细孔直径越小时，所形成的凹液面的曲率半径越小，与其成平衡的蒸汽压越低。因此对于孔径越小的孔隙，发生毛细凝聚现象所需的压力越低。由于发生毛细凝聚现象，吸附质会在孔隙中快速聚集，表现在吸附曲线上则是吸附量急剧增加。当相对压力 P/P_0 达到 1 时，所有孔隙均被液态吸附质充满，吸附量达到最大(对实际液氮吸附实验而言，最大相对压力接近于 1)；降低压力时，大孔中的凝聚液首先解吸出来，随着压力逐渐降低，逐步达到较小孔隙中吸附质解吸所需的压力，小孔中的凝聚液也逐渐解吸出来[39]。

以中孔材料的吸附－解吸曲线为例，吸附初期，吸附质在中孔吸附剂上发生吸附首先形成单分子吸附层(图 2-8(a))；当单层吸附接近饱和(即达到吸附曲线中的拐点 A)时，吸附层逐渐增厚发生多层吸附(图 2-8(b))；当相对压力达到与发生毛细凝聚的孔隙半径所对应的压力值时开始发生毛细凝聚(图 2-8(c))；随着压力继续增加，孔隙中的毛细凝聚液逐渐增多(图 2-8(d))，孔隙空间被凝聚液完全充填时，吸附达到饱和(图 2-8(e))。

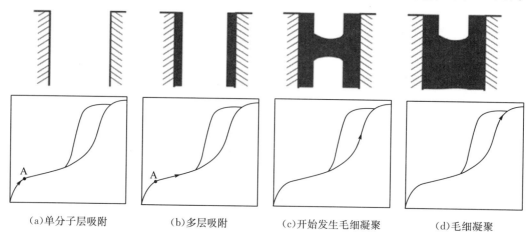

(a)单分子层吸附　　　　(b)多层吸附　　　　(c)开始发生毛细凝聚　　　　(d)毛细凝聚

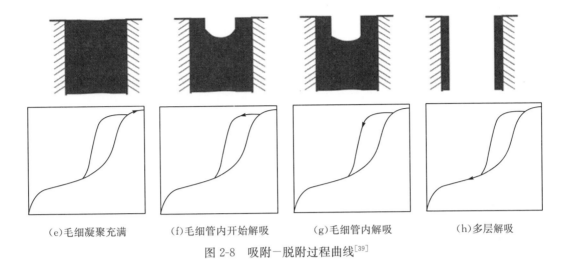

　(e)毛细凝聚充满　　　　(f)毛细管内开始解吸　　　　(g)毛细管内解吸　　　　(h)多层解吸

图 2-8　吸附－脱附过程曲线[39]

　　发生解吸时，随着压力的降低，毛细凝聚液逐渐从孔隙中解吸(图 2-8(f))，相对于吸附时无数"小液滴"聚集形成大量毛细凝聚液的过程而言，解吸时是"小液滴"逐个从毛细凝聚液中分离的过程(图 2-8(g))，直至毛细凝聚液全部解吸则开始解吸多层吸附体积(图 2-8(h))。则相同压力条件下，孔隙内剩余的凝聚液体积高于吸附时的凝聚液体积，因此由于毛细凝聚现象产生了解吸滞后。

第3章 现有等温吸附式及其应用

3.1 单一气体吸附

气体在固体上的吸附现象研究包括气体在非多孔介质上的吸附以及气体在多孔介质中的吸附。以不同的吸附模型或假设为基础，前人建立了多种适用于单一组分气体在固体上的吸附现象的理论，并成功应用于许多表面性质的相关研究中。

1. Henry 定律

Henry 定律为吸附相关研究中最早的经验式。当吸附量 M 与平衡压力 P 满足过远点的线性关系时，吸附式为[77]：

$$M = kp \tag{3-1}$$

式中：

M 为平衡时吸附量，g/g；

k 为 Henry 常数；

p 为平衡压力，MPa。

2. Freundlich 等温吸附式

Freundlich 吸附式为在 Henry 定律上发展得出的经验式，由 Freundlich 首先发现而得名，用以描述气-固表面吸附时，其表达式为[78]

$$m = k \, P^{\frac{1}{n}} \tag{3-2}$$

式中：

m 为单位质量固体上吸附的气体质量，g/g；

P 为平衡压力，MPa；

k，n 为系数。

根据经典统计力学，具有吸附热 ΔH_a 的吸附位数目 n_a 为

$$n_a = n_0 \exp\left(-\frac{\Delta H_a}{\Delta H_m}\right) \tag{3-3}$$

由于 n_0 和 ΔH_m 是常数，因此吸附量（吸附覆盖率 θ）和气体平衡压力 P 的关系为

$$\theta = (aP)^{-RT/\Delta H_m} \, n_0 \, \Delta H_m \tag{3-4}$$

a 为常数。介于上述两式形式相同，因此常数 n 反映了吸附作用的强度，k 与吸附相互作用、吸附量有关。常数 n 一般介于 2~3，但当温度升高时，n 接近于 1。

对 Freundlich 等温吸附式两边取对数：

$$\lg M = \lg k + \left(\frac{1}{n}\right)\lg P \tag{3-5}$$

以 $\lg M$ 对 $\lg P$ 作图得直线，由直线的斜率和截距分别得到 n 和 k。P 较大和较小时都偏离直线。

在煤层气研究中，Freundlich 等温吸附式用于评价煤层的吸附气量。

3. Polanyi 吸附式理论

Polanyi 吸附理论为无特定孔隙模型或吸附物理模型的吸附理论，该理论假设吸附质在吸附剂表面的吸附受引力影响[79]。如同行星重力场一样，吸附剂对其表面的吸附质分子有引力作用，吸附质分子在此引力下靠近吸附剂表面发生吸附，距吸附剂表面越近的吸附质所受的引力越大，不同距离的吸附层对应不同的吸附势（如图 3-1）。

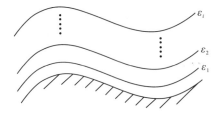

图 3-1 吸附剂表面势能分布图

根据热力学方法，发生吸附时，把单位质量的吸附质从气相转移到吸附层所做的功 ε（即吸附势）为

$$\varepsilon = RT\ln\left(\frac{P_0}{P}\right) \tag{3-6}$$

式中：

ε 为吸附势，J/kg；

R 为摩尔气体常量，J/(kg·K)；

T 为温度，K；

P 为压力，MPa；

P_0 为该温度下吸附气体的饱和蒸汽压，MPa。

Polanyi 理论是微孔填充理论的基础，在此基础上延伸发展了 D-R、D-A 公式等。

4. Langmuir 吸附理论

Langmuir 从动力学理论推导出了单分子层吸附等温式。Langmuir 理论假设吸附剂表面性质均匀且只存在一种吸附位、吸附质分子之间无相互作用力及吸附为动态平衡过程，吸附过程中一个吸附位只吸附单个吸附质分子，且在吸附位非均匀分布的表面，吸附质分子只吸附在表面的特定位置[80,81]。

在任意压力点，当吸附达到平衡时吸附速度 v_a 与解吸速度 v_d 相等，根据气体分子运动理论，每秒钟撞击到 1cm² 表面上的气体分子物质的量 n 为

$$n = \frac{P}{(2\pi MRT)^{1/2}} \tag{3-7}$$

式中：

P 为气体压力，MPa；

T 为温度，K；

M 为气体分子摩尔质量，g/mol；

R 为气体常数，J/(mol·K)；

n 为气体分子物质的量，mol。

用 α 表示所有碰撞到表面的分子中被表面吸附的分子比例（α 一般接近 1），则气体的吸附速度 v_a 正比于 αn。同时，v_a 也正比于表面的空吸附位的百分数 θ_0，则吸附速度 v_a 可表示为

$$v_a = k_a \alpha \theta_0 n \tag{3-8}$$

式中：

k_a 为比例常数。

此外，解吸速度与被吸附的分子数成正比。令表面被吸附分子占领的位置分数为 θ，则解吸速度 v_d 可表示为

$$v_d = k_d \tag{3-9}$$

式中：

k_d 为比例常数。

当吸附与解吸达到平衡时，吸附速度 v_a 与解吸速度 v_d 相等，即为

$$k_a \alpha \theta_0 n = k_d \theta \tag{3-10}$$

由于 $\theta_0 + \theta = 1$，则上式可变形为

$$\theta = \frac{k_a \alpha n}{k_d + k_a \alpha n} \tag{3-11}$$

若 1cm² 表面的总吸附位数为 N_0，则被吸附分子数 $N \leqslant N_0$，且 $\theta = N/N_0$。则

$$\theta = \frac{N}{N_0} = \frac{k_a \alpha P}{\left[k_d (2\pi MRT)^{\frac{1}{2}} + k_a \alpha P\right]} \tag{3-12}$$

令 $N = A$；$k_a \alpha / k_d (2\pi MRT)^{\frac{1}{2}} = a$；$N_0 = b$；从而得出 Langmuir 单分子层等温吸附式：

$$A = \frac{abP}{1 + aP} \tag{3-13}$$

式中：

A 为吸附量，cm³/g；

P 为平衡压力，MPa；

b 为总吸附位数（即吸附剂表面完全覆盖时的吸附量），cm³/g。

在实际应用中，为确定等温线是否满足 Langmuir 等温吸附式，将上式变形为

$$\frac{P}{A} = \frac{1}{ab} + \frac{P}{b} \tag{3-14}$$

以 P/A 对 P 作图，若直线成立则表明符合 Langmuir 等温吸附式，由直线斜率可求饱和吸附量 b。

作为页岩气及煤层气吸附气评价的重要依据，Langmuir 吸附式广泛应用于具吸附态

的非常规天然气储量评价中。

5. de Boer-Zwikker 吸附理论

De Boer 和 Zwikker 在尝试定量解释Ⅱ型等温吸附曲线时，提出了多分子层吸附理论。理论假设离子型固体的表面会使非极性分子产生诱导偶极矩，它与表面的相互作用导致了第一层的吸附，第一层的诱导偶极矩又会使装上来的分子产生诱导偶极矩，从而造成第二层的吸附，如此不断继续下去，诱导偶极矩的大小随吸附层数的增加而呈指数下降，最后导出的等温式吸附是[82]

$$\ln \frac{P}{K_2 P_0} = K_2 K_1^n \tag{3-15}$$

式中：

K_1、K_2、K_3为常数；

n 为吸附层数，数值上等于 V/V_m；

P 为压力，MPa；

P_0为实验温度下吸附气体的饱和蒸汽压，MPa。

由于 K_1 一般接近于 1，因此上式简化为含两常数的直线式为

$$\lg\left(\lg\left(\frac{P}{P_0}\right)\right) = \left(\frac{V}{V_m}\right)\lg K_1 + \lg\left(\frac{K_2}{2.303}\right) \tag{3-16}$$

当实验数据满足理论假设时，以 V 对 $\lg(\lg(P/P_0))$ 作图可得到直线。

6. Bi-Langmuir 吸附式

Langmuir 吸附式中假设固体表面只存在一种吸附位。对于实际的吸附剂而言，存在大量表面性质不完全均匀的吸附材料，因此有学者将吸附剂表面的吸附位种类假定为两种，并提出了具两种吸附位的双 Langmuir 吸附式[83]：

$$q = \frac{q_i k_i P}{1 + k_i P} + \frac{q_j k_j P}{1 + k_j P} \tag{3-17}$$

式中：

q 为吸附量，cm^3/g；

q_i为 i 类吸附位上的饱和吸附量，cm^3/g；

k_i为 i 类吸附位的系数，无量纲；

P 为平衡压力，MPa；

q_j为 j 类吸附位上的饱和吸附量，cm^3/g；

k_j为 j 类吸附位的系数，无量纲。

7. BET 吸附理论

Brunauer，Emmett，Teller 等首次提出了多分子层吸附模型，假设表面吸附作用远大于吸附质分子间的相互作用[84]。

多分子层吸附模型（图 3-2）假设表面上存在吸附分子的吸附位。吸附了 0、1、2、⋯、i 层分子的吸附位数分别为 s_0、s_1、s_2、⋯、s_i。在第 1 层，达到吸附平衡时，假

设表面吸附位的能量都相同，则空吸附位（没有被吸附质分子占领的位置）上的吸附速度等于第 1 层的解吸速度：

$$a_1 P s_0 = b_1 s_1 \exp\left(-\frac{E_1}{RT}\right) \tag{3-18}$$

式中：

    P 为平衡压力，MPa；

    T 为吸附温度，K；

    E_1 为第 1 层的吸附热，kJ/mol；

    a_1、b_1 为常数；

    T 为温度，K；

    R 为气体常数，J/(mol·K)。

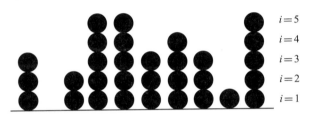

图 3-2　多层吸附模式图

当第 2 层吸附达到吸附平衡时，在第 1 层吸附分子上的凝聚速度（即第 2 层的吸附速度）等于第 2 层的蒸发速度（即第 2 层的解吸速度）：

$$a_2 P s_1 = b_2 s_2 \exp\left(-\frac{E_2}{RT}\right) \tag{3-19}$$

式中：

    E_2 为第 2 层的吸附热，kJ/mol；

    a_2、b_2 为常数。

    E_2 代表了吸附质分子间的相互作用能，接近于吸附质的凝聚能即液化热，且 $E_2 < E_1$。

    同样，对于第 i 层，达到吸附平衡时：

$$a_i P s_{i-1} = b_i s_i \exp\left(-\frac{E_i}{RT}\right) \tag{3-20}$$

式中：

    E_i 为第 i 层的吸附热，kJ/mol；

    a_i、b_i 为常数。

    则总吸附量为

$$V = \sum_{i=0}^{\infty} i\, s_i \tag{3-21}$$

s_i 的加和就是总吸附位数，即单分子层吸附量，记作 V_m：

$$V_m = \sum_{i=0}^{\infty} s_i \tag{3-22}$$

令 $\theta = V/V_m$，则有

$$\theta = \frac{V}{V_m} = \sum_{i=0}^{\infty} i\, s_i \Big/ \sum_{i=0}^{\infty} s_i \tag{3-23}$$

当 θ 小于 1 时，与 Langmuir 吸附式一样，代表表面覆盖率；当 θ 大于 1 时，则代表平均吸附层数。

假定从第 2 层开始，吸附热(吸附能)E_2、E_3、E_i 等于液体的蒸发热或凝聚热 E_L。

从第 2 层开始，吸附分子与固体表面的相互作用小于第 1 层，吸附主要由吸附质分子与已吸附分子之间的相互作用引起，常数 a_i、b_i 的比值 g 为一定值。

令：

$$\left(\frac{P}{g}\right)\exp\left(\frac{E_L}{RT}\right) = x \tag{3-24}$$

$$\left(\frac{a_1 g}{b_1}\right)\exp\left[\frac{E_1 - E_L}{RT}\right] = c \tag{3-25}$$

将 x，c 带入式(3-23)中：

$$\frac{V}{V_m} = \frac{cx}{(1-x)(1-x-cx)} \tag{3-26}$$

当达到实验条件下，吸附质饱和蒸汽压 P_0 时，表面的吸附层数为无限大。则吸附量就无限大。为使吸附量 V 无限大，则必有 $x=1$，则有气体压力 P 等于饱和蒸汽压 P_0，将 $P=P_0$ 和 $x=1$ 带入上式中，得

$$\left(\frac{P_0}{g}\right)\exp\left(\frac{E_L}{RT}\right) = 1 \tag{3-27}$$

即得 $x = P/P_0$，带入式(3-26)中，即得到等温吸附式：

$$V = \frac{V_m c P}{(P_0 - P)\left[1 + (c-1)\dfrac{P}{P_0}\right]} \tag{3-28}$$

式中：

V 为吸附量，cm^3/g；

P 为压力，MPa；

P_0 为指定温度下吸附气体的饱和蒸汽压，MPa；

V_m 为单层最大吸附量，cm^3/g；

c 为吸附热相关系数。

根据 BET 等温吸附式中参数 V_m(单层最大吸附量)可计算样品的比表面积，在页岩的孔隙结构评价中具有重要意义。

此外，BET 等温吸附式中参数 c 与吸附曲线形态间存在一定对应关系。随着 c 值的增大吸附热逐渐增大，表明发生吸附时的作用力越强，吸附曲线在低压区上升越快；反之，吸附量增加缓慢，曲线形态接近于 BDDT 分类中的 Ⅲ 型曲线(如图 3-3)[85]。

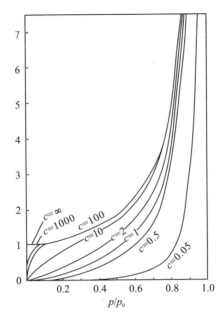

图 3-3　等温吸附曲线形态随 c 值变化趋势图

8. Harkins-Gura 等温吸附式

Harkins-Gura 等温吸附式为从热力学角度，运用表面压 P_s 推导出的吸附式：

$$\ln\frac{P}{P_0} = a - \frac{b}{V^2} \tag{3-29}$$

式中：a，b 为与吸附表面有关的常数。

Harkins 等认为，当气体在固体表面形成凝聚膜时，表面膜所具有的表面压 P_s 与单个气体分子占据的固体表面积 a_1 满足如下关系：

$$P_s = h - k a_1 \tag{3-30}$$

式中：P_s 为表面压，MPa；

　　　h，k 为特性常数。

吸附量、表面积与吸附平衡压力间满足关系：

$$P_s A = \frac{RT}{M}\int_0^P V\mathrm{d}\ln P = \frac{RT}{M}V\mathrm{d}\ln P \tag{3-31}$$

式中：A 为固体表面积，m³/g；

　　　M 为气体分子量。

由于 $a_1 = \dfrac{MA}{VN}$，则：

$$\mathrm{d}P_s = \frac{RT}{MA}V\mathrm{d}\ln P = \frac{kMA}{N}\cdot\frac{\mathrm{d}V}{V^2} \tag{3-32}$$

式中：

　　V 为吸附体积，cm³/g；

　　P 为吸附压力，MPa；

N 为阿伏伽德罗常数。

从形成凝聚膜的压力开始积分：

$$\int_{P_1}^{P} \mathrm{d}\ln P = \frac{k\, M^2\, A^2}{NRT} \int_{V_1}^{V} \frac{\mathrm{d}V}{V^3} \tag{3-33}$$

则有：

$$\ln P = \ln P_1 - \frac{k\, M^2\, A^2}{2NRT}\left(\frac{1}{V^2} - \frac{1}{V_1^2}\right) \tag{3-34}$$

即：

$$\ln \frac{P}{P_0} = \left(\ln \frac{P_1}{P_0} + \frac{q\, M^2\, A^2}{2NRT} \cdot \frac{1}{V_1^2}\right) \frac{k\, M^2\, A^2}{2NRT} \cdot \frac{1}{V^2} \tag{3-35}$$

令：

$$a = \ln \frac{P_1}{P_0} + \frac{q\, M^2\, A^2}{2NRT} \cdot \frac{1}{V_1^2}; b = \frac{k\, M^2\, A^2}{2NRT} \tag{3-36}$$

则可得到 Harkins-Gura 等温吸附式[86]。

9. FHH 理论

当吸附层数大于 2 时，吸附作用力包括固体表面对吸附分子的引力及吸附分子之间的作用力。固体表面的主要吸附作用力是范德瓦耳斯力，且随着距离的增加而减小。FHH 吸附理论假定吸附层为厚度均匀的平板状液体，将吸附看成二维凝聚过程[87]。该理论的吸附方程为

$$\frac{P}{P_0} = \mathrm{e}^{\frac{-a}{RT\theta^r}} \tag{3-37}$$

其中：

θ 为吸附层数；

P 为压力，MPa；

P_0 为该温度下吸附气体的饱和蒸汽压，MPa；

R 为摩尔气体常量，J/(mol·K)；

T 为温度，K；

a，r 为常数。

判断等温吸附数据是否满足 FHH 吸附理论可将等温吸附数据转化为 $\lg(\lg(P/P_0))$-$\lg\theta$ 关系，若二者呈直线则表明数据满足 FHH 理论。对页岩液氮吸附数据而言，仅部分数据满足 FHH 吸附式(图 3-4)。

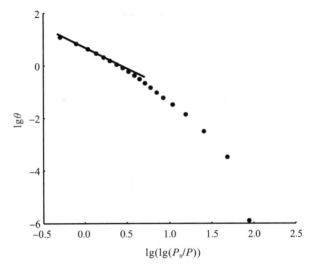

图 3-4　页岩样品 $\lg(\lg(P/P_0))-\lg\theta$ 图

10. Temkin 方程

Temkin(1940)也提出了经验公式 Temkin 吸附等温式，描述了吸附热变化与覆盖率之间的关系[88]。该等温式也可在 Langmuir 理论基础上进行推导。

它一般表示如下：

$$\theta = \frac{1}{f}\ln a_0 P \tag{3-38}$$

式中：

θ 为覆盖率，无量纲；

f 为 Temkin 常数，无量纲；

a_0 为吸附平衡结合系数，无量纲；

P 为平衡压力，MPa。

由于 f 和 a_0 均为常数，令 $f=\gamma/RT$。这一方程对应的模型是吸附热随覆盖度增加而线性下降的情况，即 $Q=Q_0-\gamma\theta$。Q_0 是 $\theta=0$ 时的起始吸附热。

11. D-R/D-A 方程

在对不同孔径吸附材料的吸附特征的研究中，D-R 方程为其中具有代表性的研究。Dubinin 等(1947)在 Polanyi 吸附势理论基础上，发展建立了 D-R 公式，对微孔吸附研究奠定了基础[89]。在微孔填充理论中，吸附质分析在多孔材料中的吸附方式不再是表面覆盖，而是不具成层性的填充(图 3-5)。

其表达式为

$$n_a = n_0\, e^{\left\{-D\left[\ln\left(\frac{P_0}{P}\right)\right]^2\right\}} \tag{3-39}$$

式中：

n_a 为单位质量吸附剂中的吸附量，cm^3/g；

n_0 为最大吸附量(代表微孔容积)，cm^3/g；

D 为吸附剂对气体的亲和系数；

P 为压力，Mpa；

P_0 为该温度下吸附气体的饱和蒸汽压，Mpa。

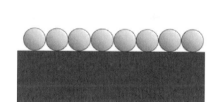

（a）表面覆盖   （b）微孔填充

图 3-5 表面覆盖与微孔填充示意图

为使 D-R 更广泛地应用于实际材料，Dubinin 等引入了系数 n 对 D-R 方程进行修正得到 D-A 方程[90]：

$$n_{\mathrm{a}} = n_0\, \mathrm{e}^{\left\{-D\left[\ln\left(\frac{P_0}{P}\right)\right]^n\right\}} \tag{3-40}$$

式中：n 为系数。

与 D-R 方程相比，D-A 方程引入了系数 n，能有效修正表面非均质性对分析结果的影响。该方程在吸附剂微孔分布研究中得到了广泛的应用。同时，由于其描述的理论基础为微孔填充，近年来在高温甲烷吸附中也应用较广。

12. D-R-K 方程

Kaganer 对 D-R 方程进行修正，用"表面覆盖"方式替换 D-R 方程理论基础中的"微孔填充"假设，保留原理论中的能量高斯分布等特征，在原有 D-R 方程计算微孔体积基础上，修正后的 D-R 方程可用于计算比表面积[91]：

$$n_{\mathrm{a}} = n_0\, \mathrm{e}^{\left\{-D\left[RT\ln\left(\frac{P_0}{P}\right)\right]^2\right\}} \tag{3-41}$$

13. Avnir 方程

Avnir 等结合分数维度函数对 D-R 方程进行修正，得到了非均质多孔材料不规则表面的等温吸附式[92]：

$$\theta = \int_{x_{\min}}^{x_{\max}} C\, x^{2-D}\, \mathrm{e}^{-mx^2\varepsilon^2}\, \mathrm{d}x \tag{3-42}$$

式中：

θ 为相对吸附量；

x 为微孔半径，nm；

C 为比例常数；

D 为分数维度；

m 为亲和系数；

ε 为吸附势，J。

14. 超临界流体中的微孔填充吸附式

Sakurovs 等在研究超临界流体的吸附性质时，在 D-R 方程基础上通过引入校正因子得到了修正后的 D-R 方程[93]：

$$n_a = n_0 \left(1 - \frac{\rho_g}{\rho_a}\right) e^{\left\{-D\left[\ln\left(\frac{P_0}{P}\right)\right]^2\right\}} + k_H \rho_g \tag{3-43}$$

式中：

ρ_a 为吸附质密度，g/mL；

ρ_g 为气体密度，g/mL；

k_H 为亨利定量系数。

3.2 混合气体吸附

地下流体储存于页岩储集空间中时，常常是多组分流体同时存在。对页岩气而言，通常包含 CH_4、CO_2、H_2S 等气体。不同气体在储集条件下的吸附性能、吸附程度不一，因此研究混合气体的吸附对于研究页岩气具有重大意义。在表面吸附研究领域，前人已建立了多种混合气体吸附方程，对于研究页岩气吸附有一定的借鉴意义。

现有的关于混合气体吸附的研究大致可分为两类：一类是通过校正多组分，引入分压等概念将单一组分吸附理论推广到多组分气体吸附；另一类是通过热力学方法推导得出，以下列举常见的混合气体吸附方程。

1. T. L. Hill 方程

假设在混合气体情况下，吸附层具有液体混合物的蒸发－凝聚性质，并将溶液成分－蒸汽压关系与吸附相成分－平衡分压关系相联系推导得出。该方程表达式复杂且所需已知量较多，应用不广泛。设两类吸附气体分别为 i，j：

$$\frac{V_i}{V_{m,i}} = \left(\frac{1 - \frac{P_j}{P_{0,i}}}{1 - \frac{P_i}{P_{0,i}}}\right) \cdot \frac{c_i \frac{P_i}{P_{0,i}}}{\left(1 - \frac{P_i}{P_{0,i}}\right)\left(1 - \frac{P_j}{P_{0,j}}\right) + c_i \frac{P_i}{P_{0,i}}} \tag{3-44}$$

式中：

V_i 为组分 i 的吸附量，cm^3/g；

$V_{m,i}$ 为组分 i 纯组分的单层最大吸附量，cm^3/g；

P_i 为组分 i 的分压，MPa；

$P_{0,i}$ 为组分 i 的饱和蒸汽压，MPa；

c_i 为组分 i 纯组分的 BET 参数。

2. Bussey 方程

假定混合气体的吸附层是理想溶液，应用统计热力学方法推导出的 BET 型混合气体吸附公式，实际运用中效果优于 T. L. Hill 方程。设体系中共有 n 种吸附质组分，则组分 m 的吸附式为[95]：

$$\frac{V_i}{V_{m,i}} = \frac{\dfrac{P_i}{P_{0,i}} c_i}{\left(\displaystyle\sum_{j=1}^{n} c_j \frac{P_j}{P_{0,j}}\right)^2 \left(1 + \displaystyle\sum_{j=1}^{n} c_j \frac{P_j}{P_{0,j}} - \displaystyle\sum_{j=1}^{n} \frac{P_j}{P_{0,j}}\right)} \tag{3-45}$$

式中：

c_j 为组分 j 纯组分的 BET 参数。

3. 顾惕人等温吸附式

顾惕人(1984)根据液体互不混溶的条件导出的 BET 型混合吸附公式，并将其推广应用到互溶液体的混合蒸气吸附中并假设形成混合蒸气的液体是完全不混溶的[96]。

对于 i 种气体的混合吸附[97]：

$$\frac{V_i}{V_{m,i}} = \frac{\dfrac{c_i x_i}{(1-x_i)^2}}{1 + \displaystyle\sum_{i=1}^{n} \frac{c_i x_i}{1-x_i}} \tag{3-46}$$

式中：i 是指 n 种气体中的任何一种；

$x_i = \dfrac{a_{1,i}}{b_{1,i}} P_i e^{\frac{E_{1,i}}{RT}}$；

$y_i = \dfrac{1}{g_i} P_i e^{\frac{E_{1,i}}{RT}}$；

$c_i = \dfrac{y_i}{x_i}$；

a，b 为常数；

P_i 为组分 i 的压力，MPa；

E_1、$E_2 \cdots$ 为第一、二 $\cdots$ 层的吸附热，反映其吸附能力，kJ；

$V_{m,i}$ 是第 i 种气体单分子层饱和吸附量，cm^3/g；

V_i 是第 i 种气体的吸附量，cm^3/g。

4. E-L 模型

Langmuir 方程描述的是单组分气体在一定温度条件下发生吸附时吸附量与压力之间的关系。而实际应用中，吸附质气体多为多组分气体。多组分气体发生吸附时，采用扩展 Langmuir 模型(即 EL 模型)。为满足热力学一致性，该模型中假定各组分的饱和吸附量相等。吸附表达式为[98,99]

$$V_{\mathrm{ads},i} = \frac{V_{\mathrm{L},I}(\frac{P_i}{P_{\mathrm{L},i}})}{1 + \sum (\frac{P_i}{P_{\mathrm{L},i}})} \tag{3-47}$$

式中：

$V_{\mathrm{ads},i}$ 为 i 组分的吸附体积，cm^3/g；

V_i 为 i 组分的 Langmuir 体积，cm^3/g；

P_i 为组分 i 的分压，等于 Py_i，y_i 为组分 i 的气体摩尔分数，MPa；

$P_{\mathrm{L},i}$ 为组分 i 的 Langmuir 压力，MPa；

$\sum(P_j/P_{\mathrm{L},j})$ 为所有组分压力比之和。

3.3　溶液吸附

发生溶液吸附时，由于在等温等压条件下，吸附体系的自由焓总是趋于最小，为了保持较小的自由焓，溶液中表面能大的组分总是趋于溶液内部，而表面能较小的组分趋于溶液表面。溶液内部溶质分子的浓度为 c_1，溶液表面溶质浓度为 c_2 (图 3-6)，浓度差异表明在溶液中发生了吸附过程。不同于气相吸附的研究，溶液吸附相关的研究中多以吸附质浓度为研究对象。

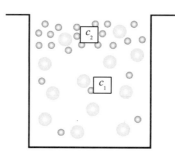

图 3-6　溶液吸附示意图

1. Henry 定律

描述在等温等压下，某种气体在溶液中的溶解度与液面上该气体的平衡压力成正比的 Henry 定律(1803)即被用于描述吸附量与平衡压力之间的关系。

Henry 定律为[77]

$$C = kp \tag{3-48}$$

式中：

C 为气体溶解在液体中的浓度，$\mathrm{g/mL}$；

k 为 Henry 常数；

p 为气相分压，MPa。

2. Freundlich 溶液吸附式

应用于溶液吸附描述的 Freundlich[78] 等温吸附式描述了发生液相吸附时，吸附质浓

度与吸附质量之间的关系:

$$C = k\,P^{1/n} \tag{3-49}$$

式中:C 为平衡浓度,g/mL;

k 为系数;

P 为平衡压力,MPa;

n 为与吸附热相关的系数。

3. A. V. Hill 模型

Hill 模型广泛应用于生物化学领域。假设吸附是集体现象,用以描述均匀基质中的不同束缚力。其中某一分子表面的束缚力影响体系中同类高分子表面的束缚力[100]:

$$q_{e} = \frac{q_{S_{H}}\,c_{e}^{n_{H}}}{K_{D} + c_{e}^{n_{H}}} \tag{3-50}$$

式中:

q_{e} 为平衡时吸附量,g/g;

$q_{S_{H}}$ 为 Hill 等温式最大饱和度,g/g;

K_{D} 为 Hill 常数;

c_{e} 为平衡浓度,g/cm^3;

n_{H} 为结合反应的 Hill 协调系数。

4. Flory-Huggins 模型

Flory-Huggins 吸附模型为从液体的似晶格模型出发,采用统计热力学方法推导出的描述高分子聚合物溶液吸附特征的模型[101,102]:

$$\frac{\theta}{c_{0}} = K_{FH}\,(1 - \theta)^{n_{FH}} \tag{3-51}$$

式中:

θ 为吸附剂表面覆盖率;

c_{0} 为吸附质初始浓度,g/cm^3;

K_{FH} 为 Flory-Huggins 等温吸附平衡常数,cm^3/g;

n_{FH} 为 Flory-Huggins 等温吸附指数。

5. Sips 方程

在描述固−气吸附时,Sips 将描述平衡压力与吸附量关系的 Freundlich 方程与 Langmuir 方程相结合得到 F-L 方程[103]:

$$q = \frac{q_{m}(k\,c_{eq})^{n}}{(k\,c_{eq})^{n} + 1} \tag{3-52}$$

式中:

q 为吸附量,mg/g;

q_{m} 为饱和吸附量,mg/g;

k 为吸附常数；

c_{eq} 为平衡浓度，mg/L；

n 为非均质指数。

6. Redlich-Peterson 模型

将表示溶液吸附特征的 Freundlich 方程与 Langmuir 方程相结合，在均质或非均质体系中均适用[104]。其等式的分子分母均包含了浓度相关项，因此适用范围也较大。

$$q_e = \frac{k_R c_e}{1 + a_R c_e^g} \tag{3-53}$$

式中：

q_e 为平衡时吸附剂中吸附质质量，g/g；

k_R 为 Redlich-Peterson 等温常数，cm^3/g，

c_e 为平衡浓度，g/cm^3；

a_R 为 Redlich-Peterson 等温常数，1/g；

g 为 Redlich-Peterson 等温式指数。

上式中的指数趋近于 0 时，吸附式为 $n=1$ 的 Freundlich 等温吸附式，当指数趋近于 1 时，吸附式为 Langmuir 等温吸附式。

7. Toth 等温模型

Toth 等温模型为一种修正的 Langmuir 方程。修正后的等温式拟合范围更广，可用于描述非均匀吸附体系内的吸附。其假定吸附位的能量是准高斯分布形态，且大多是吸附位的能量低于峰值或平均值[105]：

$$q_e = \frac{K_T c_e}{(a_T + c_e)^{1/t}} \tag{3-54}$$

式中：

q_e 为平衡时吸附剂中吸附质质量，g/g；

K_T 为 Toth 等温常数，g/g；

c_e 为平衡浓度，g/cm^3；

a_T 为 Toth 等温常数，cm^3/g；

t 为 Toth 等温常数。

3.4　现有等温线吸附式应用

现有等温吸附式中包含描述压力（相对压力）与吸附体积关系、压力与平衡浓度关系、平衡浓度与吸附质量关系、平衡浓度与覆盖率关系的函数等。低温液氮页岩等温吸附所得实验数据包含相对压力（P/P_0）与吸附体积 V，由实验温度下氮气的饱和蒸汽压可将实验数据的相对压力项转换为压力项，因此，选用现有吸附式中描述压力（相对压力）与吸

附体积关系的等温吸附式应用于页岩等温吸附并评价其效果。

3.4.1　实验样品

实验样品取自鄂尔多斯盆地南缘三叠系延长组、奥陶系平凉组及乌拉力克组（泥）页岩和四川盆地三叠系须家河组、寒武系牛蹄塘组及震旦系陡山沱组（泥）页岩。

1.牛蹄塘组

四川盆地牛蹄塘组页岩等厚图如图 3-7 所示[106]。牛蹄塘组页岩是古生代海相环境形成的富有机质页岩，后期经历了强烈的地质改造作用和大幅度的构造抬升。四川盆地下寒武统牛蹄塘组页岩整体较厚，盆地大部分地区均达到 100m 以上，其中南充—重庆—石柱—梁平一带为烃源岩不发育区，向四周烃源岩厚度逐渐增加，最大可达到 200m，其中以川南自贡、泸州及宜宾等地区最厚[107]。底界埋深一般为 4～5km。龙门山前缘地区牛蹄塘组底界埋深为 7～8km，而川东南地区受后期构造运动影响，埋深相对川南较浅，底界埋深为 3～4km[108]。

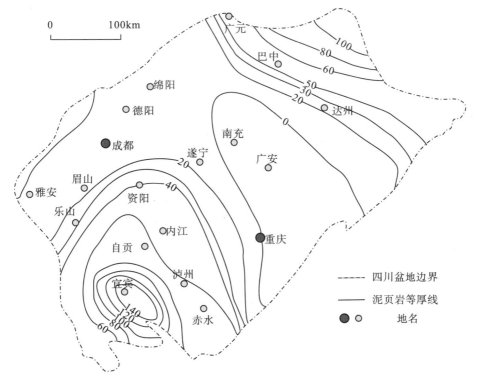

图 3-7　四川盆地及周缘牛蹄塘组等厚图

牛蹄塘组地层多为碳质页岩，局部夹粉砂质页岩，底部见有灰色硅质页岩。页岩中脆性矿物含量为 46.75%～88.36%，平均含量为 68.75%。其中石英含量最高，可达83.54%，其次为长石含量、碳酸盐岩含量，含少量黄铁矿；黏土矿物含量为 10.60%～42.83%，平均含量为 27.50%。黏土矿物中，含伊利石 35.0%～73.0%、绿泥石

8.0%~28.0%、高岭石及蒙脱石含量极少，不常见[108]。

物性分析表明，下寒武统牛蹄塘组黑色页岩孔隙度为 0.69%~4.49%，平均为 2.5%；渗透率为 0.005×10^{-3}~$0.245\times10^{-3}\mu m^2$，平均为 $0.175\times10^{-3}\mu m^2$；岩石密度为 2.01~2.72g/cm³，平均为 2.43g/cm³[108]。

牛蹄塘组页岩样品有机碳含量多大于 2.0%，且多集中在 2.4%~9.8%。有机质类型以 I 型及 II_2 型为主。页岩镜质体反射率介于 2.0%~4.5%，反映其热演化程度较高[108,109,110]。

孔隙结构方面，牛蹄塘组页岩发育四大类基质孔隙：粒间孔、粒内孔、有机质孔和溶蚀孔。其中粒内孔最为发育，约占总孔隙体积的 40%，孔隙宽度在 0.1~2.0μm，包括颗粒间孔隙、晶间孔隙和黏土矿物层间孔隙，其中发育最广泛的是以莓状黄铁矿内的晶间孔隙，占总比例的 18.8%；溶蚀孔发育次之，约 25%，孔隙大小在 0.1~29.2μm，包括粒间溶蚀孔、由颗粒部分或全部溶解形成的铸模孔和粒内溶蚀孔，其中粒间溶孔和铸模孔发育最为广泛；粒内孔包括莓状黄铁矿内的晶间孔隙、碎屑岩、碳酸盐岩等矿物内粒内孔和黏土矿物颗粒内的解理缝（孔）等，孔隙大小在 0.1~3.8μm；有机质孔隙发育广泛，但其孔径多在数十纳米以下，呈狭长的针状，孔隙连通性较差[111]。

实验所选牛蹄塘组样品描述如表 3-1 所示。

表 3-1   牛蹄塘组页岩样品汇总表

样品编号	深度/m	岩性
D9	地表	黑色泥岩
D10	地表	浅黄色粉砂质泥岩
D11	地表	黑色泥岩
D12	地表	灰黑色泥岩
D13	地表	碳质泥岩
D14	地表	碳质泥岩
D15	地表	浅黄色粉砂质泥岩
D16	地表	碳质泥岩
D31	地表	碳质泥岩
D32	地表	灰黑色泥岩，含 Ca、Si
D33	地表	灰黑色泥岩，含 Ca、Si
D34	地表	青灰色泥页岩
D35	地表	青灰色泥页岩
D36	地表	青灰色泥页岩
D37	地表	青灰色泥页岩
D38	地表	碳质泥岩

2. 须家河组

四川盆地上三叠统须家河组沉积环境以海陆过渡相到河流－三角洲相含煤建造沉积

为主，纵向上泥页岩主要分布在须家河组一、三、五段。其中须一段暗色泥页岩厚度介于 50～350m，分布局限，沉积中心位于川西龙门山前缘中南段，厚度大于 100m，底部埋深一般大于 4200m；须三段暗色泥页岩厚度介于 50～700m，沉积中心位于川西龙门山前缘中段，厚度大于 100m，底部埋深介于 3400～5800m；须五段暗色泥页岩厚度介于 50～375m，沉积中心位于川西龙门山前缘中南段——川中地区，厚度大于 200m，埋深一般介于 2000～4100m[112]。须五段页岩等厚图如图 3-8 所示。

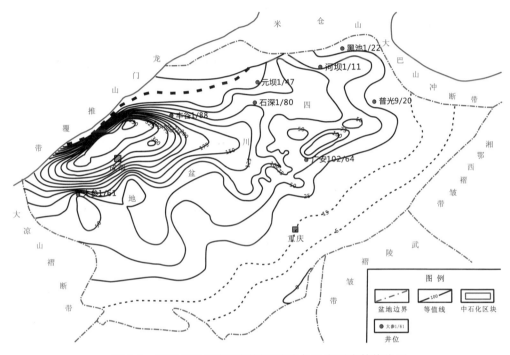

图 3-8　四川盆地须家河组须五段暗色泥岩厚度等值线图

须家河组泥页岩硅质矿物含量较高，主要分布在 50%～80%。脆性矿物中主要为石英，平均质量分数为 54.5%；其次为长石，平均质量分数为 5.5%。黏土矿物平均质量分数为 38.5%，其中伊利石相对质量分数平均为 60%，高岭石相对质量分数平均为 10%，绿泥石相对质量分数平均为 20%，伊蒙混层相对质量分数平均为 10%。其他矿物成分占 1.5%[113]。

四川盆地上三叠统须家河组泥页岩有机碳含量较高，一般为 0.5%～5.0%，平均值为 1.13%，其中须五段有机碳含量平均值为 2.35%，最高可达 16.41%，高于须一、三段；有机质类型主要以 Ⅱ 型和 Ⅲ 型干酪根为主，为腐殖型，处于成熟－高成熟演化阶段[112,113]。从成熟度来看，须家河组泥页岩总体演化程度较高，纵向上随埋深增加演化程度增高，R_o 从最低 1.02%（须五段）增加到最高 3.48%（须一段），泥页岩有机质演化程度从成熟逐渐过渡为高成熟－过成熟[114]。

经物性分析，须家河组泥页岩孔隙度为 0.85%～5.03%，平均为 4.06%[112]。从孔隙类型来看，须家河组泥页岩的孔隙类型主要有粒间微孔、粒缘微缝、有机质气孔、粒间溶孔、黏土矿物晶间隙以及微裂缝等。粒间微孔一般为原生孔，在石英矿物颗粒之间、黏土矿物颗粒之间均可形成;粒间溶孔主要存在于碳酸盐矿物和长石中,在须家河组泥页岩储层中含量较少;有机质气孔存在于有机质聚集处,呈圆形或椭圆形,是有机质在生烃阶段形成的生烃孔;粒缘缝是须家河组泥页岩储层中常见的一类孔隙,是线接触的矿物颗粒之间的缝隙;黏土矿物晶间隙一般为伊利石片状矿物片理裂开后形成的晶间隙,在须家河组泥页岩储层中含量较少;微裂缝的缝宽约 $0.2\mu m$,多在脆性矿物之间存在,是良好的页岩气渗流通道。须家河组泥(页)岩的平均孔径为 $0.366\mu m$,以纳米级大孔为主,少数粒间微孔、粒缘微缝和粒间溶孔的直径可以达到微米级[115]。

须家河组样品描述如表 3-2 所示。

表 3-2　须家河组页岩样品汇总表

样品编号	深度/m	岩性
D17	4213.4	泥岩
D18	3654.0	泥岩
D19	3560.0	泥岩
D20	3749.5	泥岩
D21	—	泥岩
D22	2060.0	碳质泥岩
D23	4162.0	碳质泥岩
D24	4165.0	碳质泥岩
D25	3284.0	泥岩
D26	4165.0	泥岩
D27	4210.0	泥岩
D28	3650.5	泥岩
D29	3753.0	泥岩
D30	2060.0	泥岩

3. 陡山沱组

陡山沱组地层为海侵范围扩大后,在海盆区的半深水-深水环境下形成的产物,厚度相对较大,最大厚度为 300m,分布广泛[116],以黑色细碎屑岩与深色含硅质薄层或条带的碳酸盐岩组合为特征,其中发育黄铁矿。该组自下而上分为 4 个岩性段:第一段与第三段均为白色碳酸盐岩,第二段与第四段均为黑色炭质页岩[117]。

经矿物分析,陡山沱组地层矿物组成具有脆性矿物含量高、黏土矿物含量低的特点,黏土矿物组成以伊利石为主,其次为伊蒙间层,高岭石和绿泥石的含量很低[116]。

有机质特征方面,陡山沱组页岩干酪根以 I 型或 II₁ 型为主,总体演化程度较高,成熟度普遍大于 2.0%,一般为 3.0%~3.5%,主体处于过成熟阶段[116]。而 TOC 分析表明,陡山沱组二段 TOC 值为 0.5%~2.48%,平均为 1.31%;陡山沱组四段 TOC 值 3.99%~14.17%,平均为 6.24%[118]。

陡山沱组泥页岩具有较低的基质孔隙度,一般为 0.61%~6%。页岩中孔隙不发育,孔径狭窄，孔隙以粒间孔为主，发育少量粒内孔和溶蚀孔，岩石面孔率小，溶蚀孔隙孤立分布，溶蚀微缝隙中被硬石膏部分充填，泥质呈片状结构，充填或覆盖于晶粒表面，晶间溶蚀微孔隙少量[116]。

陡山沱组样品描述如表 3-3 所示。

表 3-3　陡山沱组页岩样品汇总表

样品编号	深度/m	岩性
D39	地表	黑色泥页岩
D40	地表	灰黑色泥岩

4. 延长组

鄂尔多斯盆地延长组页岩发育于湖相淡水－微咸水、半深湖－深湖相沉积环境，其沉积期湖盆发育达到鼎盛，水生生物和浮游生物繁盛。页岩发育的成岩作用类型主要包括压实作用、胶结作用和溶蚀作用。页岩平均厚约为 80m，最厚可达 100m，埋深较浅，其底深平均埋深约为 1288m，最大埋深为 1700m[119]。其厚度分布如图 3-9 所示[120]。

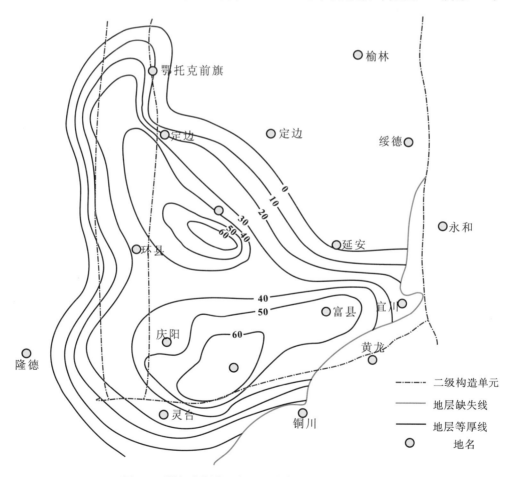

图 3-9　鄂尔多斯盆地长 7 段含气页岩段厚度分布图

研究区延长组岩性多为黑色、黑灰色、灰黑色、深灰色油页岩夹暗色泥岩、碳质泥岩、粉砂岩、铁质泥岩。页岩中主要矿物为石英、长石和黏土矿物，此外还含有少量的碳酸盐和黄铁矿。石英含量为 27%～47%，平均为 35%。长石含量 13%～36%，平均为 26%。黏土矿物主要为绿泥石、伊利石和伊蒙混层，且伊蒙混层和绿泥石的含量较高，伊蒙混层相对含量主要为 64%～88%，绿泥石相对含量主要为 6%～14%，而伊利石和高岭石的含量平均相对较低，未见蒙脱石。黄铁矿的含量为 1%～4%。脆性矿物石英、长石、碳酸盐和黄铁矿之和大于 60%[121]。

根据延长组泥页岩样品物性统计结果，页岩孔隙度为 0.40%～6.99%，平均 3.05%，孔隙度数据以 4% 以下居多，2% 以下的孔隙度占样品总数的 40% 以上。基质渗透率为 $0.002×10^{-3}$～$0.219×10^{-3}\ \mu m^2$，平均 $0.031×10^{-3}\ \mu m^2$。渗透率以 $0.01×10^{-3}\ \mu m^2$ 以下居多，其中 $0.001×10^{-3}$～$0.01×10^{-3}\ \mu m^2$ 样品数量占 57.89%，$0.1×10^{-3}\ \mu m^2$ 以上样品数量少。总体上，延长组泥页岩表现为极低的孔隙度和渗透率[122]。

孔隙结构分析表明，延长组页岩储层孔隙多为纳米级孔，并以中孔为主，占总孔体积的 66%～84%，其次为宏孔体积，占 13%～26%，微孔体积占 3%～16%，孔径主要分布在 2～25nm。页岩孔径越小、总孔隙体积越大，其 BET 比表面积越大。其中长 7 段、长 8 段页岩的比表面积主要是由孔径小于 5nm 的孔隙所提供的，长 9 段页岩的比表面积主要是由孔径小于 10nm 的孔隙所提供[123]。

延长组干酪根的显微组分以腐泥无定型为主，其次为惰质组和镜质组，其干酪根类型主要为 II₁、II₂ 型。TOC 含量为 1.45%～7.20%，平均值为 4.04%，有机质成熟度为 0.51%～1.25%[121]。

延长组样品描述如表 3-4 所示。

表 3-4 延长组页岩样品汇总表

样品编号	地层	深度/m	岩性
D1	延长组 7 段	1152.48	泥岩
D2	延长组 7 段	770.70	泥岩
D3	延长组 7 段	768.23	泥岩
D4	延长组 7 段	1188.03	泥岩
D5	延长组 7 段	787.45	泥岩
D6	延长组 7 段	790.14	泥岩
D7	延长组 7 段	1263.38	泥岩
D8	延长组 7 段	1224.04	泥岩
D49	延长组 7 段	1350.24	灰黑色泥页岩
D50	延长组 7 段	1396.04	灰黑色泥页岩
D51	延长组 7 段	1397.62	灰黑色泥页岩
D52	延长组 7 段	1399.10	灰黑色泥页岩
D53	延长组 7 段	1912.09	—
D54	延长组 7 段	1916.66	富有机质纹层状泥岩

续表

样品编号	地层	深度/m	岩性
D55	延长组 7 段	1921.50	—
D56	延长组 7 段	642.37	贫有机质泥岩
D57	延长组 7 段	645.32	贫有机质泥岩
D58	延长组 7 段	750.53	贫有机质含粉砂质泥岩
D59	延长组 7 段	755.30	贫有机质纹层状泥岩
D60	延长组 7 段	757.41	贫有机质纹层状泥岩
D61	延长组 7 段	1446.21	贫有机质泥岩
D62	延长组 7 段	1448.79	贫有机质粉砂质泥岩
D63	延长组 7 段	1450.75	富有机质纹层状粉砂质泥岩
D64	延长组 7 段	1451.39	贫有机质粉砂质泥岩
D65	延长组 7 段	1453.96	泥岩
D66	延长组 7 段	1071.83	贫有机质含粉砂质泥岩
D67	延长组 7 段	1084.49	贫有机质泥岩
D68	延长组 7 段	1087.60	贫有机质含粉砂质泥岩
D69	延长组 7 段	1439.60	贫有机质纹层状砂岩
D70	延长组 8 段	1497.79	贫有机质纹层状泥岩
D71	延长组 8 段	1499.31	贫有机质纹层状粉砂质泥岩
D72	延长组 9 段	1239.70	贫有机质泥岩
D73	延长组 7 段	790.14	富有机质泥岩
D74	延长组 7 段	1433.37	含有机质粉砂质泥岩
D75	延长组 7 段	1435.34	贫有机质纹层状粉砂质泥岩
D76	延长组 7 段	1436.01	贫有机质粉砂质泥岩
D77	延长组 7 段	941.89	纹层状泥岩
D78	延长组 7 段	1385.88	纹层状富有机质页岩
D79	延长组 7 段	1386.55	纹层状含砂质富有机质页岩
D80	延长组 7 段	1389.65	纹层状富有机质页岩
D81	延长组 7 段	922.90	泥质粉砂岩
D82	延长组 7 段	939.41	泥质粉砂岩
D83	延长组 7 段	1448.93	富有机质页岩
D84	延长组 7 段	1450.77	纹层状富有机质页岩
D85	延长组 7 段	1452.00	含黄铁矿粉砂岩
D86	延长组 7 段	1453.82	纹层状黄铁矿富有机质页岩
D87	延长组 7 段	1436.61	含黄铁矿粉砂岩
D88	延长组 7 段	1437.76	纹层状黄铁矿富有机质页岩
D89	延长组 7 段	1439.03	纹层状泥岩
D90	延长组 7 段	2294.59	泥质粉砂岩

样品编号	地层	深度/m	岩性
D91	延长组 7 段	2297.13	粉砂质泥岩
D92	延长组 7 段	2298.03	粉砂质泥岩
D93	延长组 7 段	2297.13	粉砂质泥岩
D94	延长组 7 段	1735.52	泥质粉砂岩
D95	延长组 7 段	1737.42	泥质粉砂岩
D96	延长组 7 段	1735.52	泥质粉砂岩
D97	延长组 7 段	1982.34	泥质粉砂岩
D98	延长组 7 段	1982.85	纹层状泥质粉砂岩
D99	延长组 7 段	2300.33	纹层状富有机质页岩
D100	延长组 7 段	2301.99	含粉砂质纹层状泥岩
D101	延长组 7 段	2297.72	泥岩
D102	延长组 7 段	2234.08	纹层状泥岩
D103	延长组 7 段	1684.28	纹层状泥岩
D104	延长组 7 段	2274.82	纹层状含粉砂质泥岩
D105	延长组 7 段	2277.21	泥岩
D106	延长组 7 段	2274.82	泥岩

5. 乌拉力克组

鄂尔多斯盆地乌拉力克组地层厚约 120m，以黑色页岩为主，以含丰富笔石为特征[124]。上部以暗色泥岩为主，其次为褐灰色泥晶灰岩，中、下部大量发育暗色灰泥岩，灰绿色灰质泥岩和泥灰岩。其中泥灰岩累积厚度为 49.83m，暗色灰泥岩累积厚度为52.59m，所占地层厚度比例分别为 40.5%和 42.7%[125]。

乌拉力克组烃源岩有机碳含量具有从东向西逐渐增大的趋势，TOC>0.1%的烃源岩主要分布于陶乐地区南部，向北有机质含量逐渐降低[126]。TOC 含量为 0.30%~1.16%，平均值为 0.51%。[125]烃源岩有机质 R_o 值为 1.2%~2.0%。[126]

乌拉力克组样品描述如表 3-5 所示。

表 3-5　乌拉力克组页岩样品汇总表

样品编号	深度/m	岩性
D41	地表	黑色笔石页岩
D42	地表	深灰色笔石页岩
D43	地表	深灰色笔石页岩
D44	地表	黑色笔石页岩

6. 平凉组

受中央古隆起构造的控制，平凉组地层主要发育于鄂尔多斯盆地西南缘，大体上呈

"L"形分布于盆地西缘和西南缘的台地前缘碎屑岩斜坡相带和深水盆地相带内，横向变化较大，最厚处可达 70m[124]。页岩厚度分布如图 3-10 所示[127]。

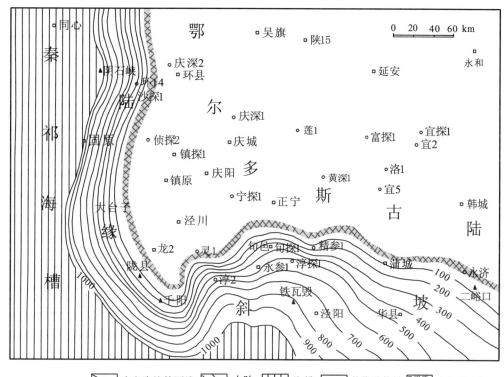

图 3-10　鄂尔多斯盆地南缘中奥陶统平凉组厚度等值线

全岩矿物分析结果表明平凉组页岩脆性矿物含量高，石英的质量分数为 22~72%，平均为 52%；长石的质量分数为 0%~5%。黏土矿物的质量分数为 19%~72%，平均为 35%左右，以伊利石和绿泥石为主；部分样品含少量高岭石和蒙脱石，质量分数不超过 10%。[124]

平凉组页岩物性较差，孔隙度为 1.69%~3.54%，垂直渗透率极低，为 $0.000058 \times 10^{-3} \sim 0.000091 \times 10^{-3}\ \mu m^2$。样品的水平方向渗透率明显大于垂直方向渗透率，水平方向渗透率为垂直方向渗透率的 2~4 倍[121]。

平凉组含气页岩有机质类型主要为 I 型，个别为 II_1 型和 II_2 型。含气页岩平均有机碳的质量分数为 0.38%。纵向上，下段有机质较富，上段有机质较贫。有机碳含量的平面分布总体表现为北高南低的特征，北部有机碳的质量分数介于 0.6%~1.4%，盆地西缘往南有机碳的质量分数逐渐降低至 0.2%以下。盆地内平凉组含气页岩发育区有机质成熟度总体上达到成熟−过成熟阶段，多为 1.6%~2.1%[124]。

平凉组页岩主要包含以下五类孔隙：因受刚性颗粒如石英、长石、碳酸盐、黄铁矿或化石碎片的抗压支撑作用所造成的压力影响而形成的残余原生孔隙或解理缝；长石、方解石、白云石等不稳定矿物溶蚀孔或溶蚀缝；黏土矿物伊利石化形成的微裂（孔）隙；有机质生烃形成的（粒内）微孔隙；裂缝，包括宏观节理相关的高角度裂缝、与层理近似平行的低角度裂缝以及颗粒粒内破碎缝等[121]。

平凉组样品描述如表 3-6 所示。

表 3-6   平凉组页岩样品汇总表

样品编号	深度/m	岩性
D45	地表	绿色含钙质页岩
D46	地表	灰绿色粉砂质泥岩
D47	地表	灰色含钙笔石页岩
D48	地表	灰色页岩

3.4.2   等温吸附式应用效果评价

1. Langmuir 等温吸附式应用

Langmuir 等温吸附理论是以单分子层吸附为吸附模型的等温吸附研究。基于理论的模型假设，Langmuir 等温吸附式对于仅发生单层吸附的等温吸附过程描述效果较好。在与页岩相关的研究中，Langmuir 等温吸附式常用于高压甲烷等温吸附曲线的描述。

将 Langmuir 等温吸附式应用于低温液氮等温吸附实验中时，效果并不理想。（如图 3-11(a)），所得等温吸附曲线偏离实验数据点，吸附式拟合效果较差。而将 Langmuir 等温吸附式仅用于低压段，即发生单层吸附的压力段时，拟合效果较好（如图 3-11(b)），说明 Langmuir 等温吸附式虽不能对低温液氮等温吸附数据进行全程拟合，但对于其中发生单层吸附的压力段的描述效果较好。

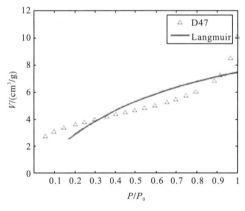
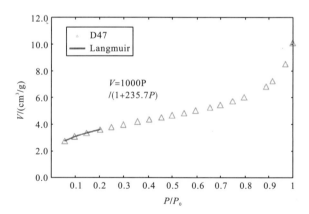

(a)Langmuir 等温吸附式对页岩样品进行全压力段拟合   (b)Langmuir 等温吸附式对页岩样品低压段拟合

图 3-11   Langmuir 等温吸附式在页岩低温液氮吸附中的应用

2. BET 等温吸附式应用

BET 等温吸附式描述的是多层吸附过程，通过吸附剂表面的吸附－解吸动态平衡过程建立的等温吸附式。通常在页岩研究中用于以低温液氮等温吸附实验为基础进行的页岩孔隙结构特征分析方面，由于吸附特征与吸附剂孔隙结构、比表面等有关。相同体积吸附剂中小孔－中孔孔隙体积越大，饱和吸附量越大；比表面越大，单层最大吸附量越大。在页岩物性评价中，以氮气作为吸附质进行实验可得等温吸附数据。通过式(3-45)及吸附质分子直径等参数，用压力与吸附量关系评估页岩比表面大小[34]。

$$\frac{P}{V(P_0 - P)} = \frac{1}{V_m c} + \frac{c-1}{V_m c} \cdot \frac{P}{P_0}$$

(3-55)

在用上式进行比表面积计算的过程中，通常选用相对压力 $0.05 \sim 0.35$ 的压力段进行计算，而将 BET 等温吸附式用于描述相对压力达到 1 之前的所有吸附数据时，描述效果较差(如图 3-12(a))，但应用 BET 等温吸附式仅描述发生毛细凝聚(相对压力约 0.4)之前的吸附数据时，应用效果较好(如图 3-12(b))。

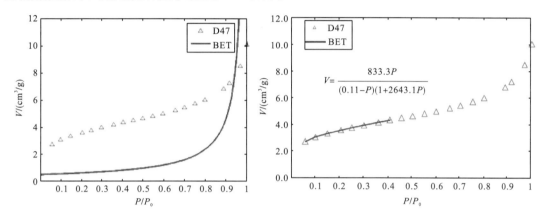

(a)BET 等温吸附式对页岩样品进行全压力段拟合　　(b)BET 等温吸附式对页岩样品毛细凝聚前压力段拟合

图 3-12　BET 等温吸附式在页岩低温液氮吸附中的应用

3. Freundlich 等温吸附式应用

Freundlich 等温吸附式是一种经验式，常用于溶液吸附的相关描述。在前人的研究中，通常将其与 Langmuir 等温吸附式相结合进行等温吸附描述(如 F-L 方程)。在用 Freundlich 等温吸附式描述低温液氮等温吸附过程时，应用效果较差，所得等温吸附曲线偏离实验数据点(如图 3-13(a))。但仅将 Freundlich 等温吸附式用于中等－较高压力段时，吸附式可较好地描述等温吸附数据(如图 3-13(b))。

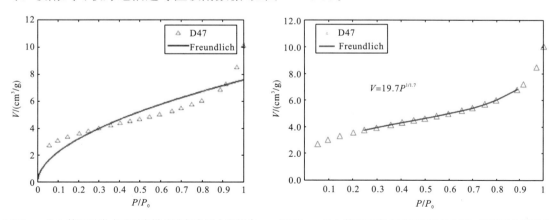

(a)Freundlich 等温吸附式对页岩样品进行全压力段拟合　　(b)Freundlich 等温吸附式对页岩样品中等－较高压力段拟合

图 3-13　Freundlich 等温吸附式在页岩低温液氮吸附中的应用

4. F-L 等温吸附式应用

F-L 方程在 Langmuir 等温吸附式的形式上结合了 Freundlich 等温吸附式，因此在描述低温液氮页岩等温吸附时，应用效果较 Langmuir 及 Freundlich 等温吸附式好。由拟合效果可见(图 3-14)，F-L 方程用于拟合Ⅳ型等温吸附曲线时，所得吸附曲线与实验数据点较为接近，尤其在低压区的拟合效果较 Freundlich 等温吸附式有明显改进；但在拟合Ⅴ型等温吸附曲线时，拟合曲线与实验数据点仍然偏差较大，说明 F-L 方程用于描述低温液氮页岩等温吸附数据仍具有明显的局限性。

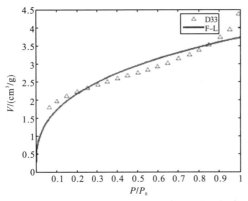 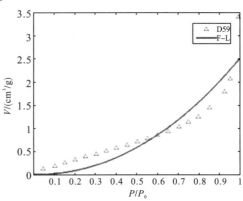

(a)Freundlich 等温吸附式对Ⅳ型曲线全压力段拟合　　　(b)Freundlich 等温吸附式对Ⅴ型曲线全压力段拟合

图 3-14　F-L 等温吸附式在页岩低温液氮吸附中的应用

5. D-R 方程应用

D-R 方程为微孔填充研究中常用的等温吸附式，在应用于低温液氮页岩等温吸附时，拟合曲线偏离实验数据点较远，不能准确描述吸附过程。但由于 D-R 方程是以微孔填充理论为基础的吸附式，而对于页岩吸附而言，在相对压力较低的压力区间内，吸附剂首先充填半径较小的孔隙，因此在将 D-R 方程应用于吸附数据中较低压力段时，拟合效果较好(图 3-15(a))。此外，由 D-R 方程在低温液氮吸附数据中的拟合曲线可见，所得吸附线形态接近于 Langmuir 等温吸附曲线(图 3-15(b))，因此在高温甲烷等温吸附研究中，也有学者采用 D-R 方程对其吸附进行描述[128]。

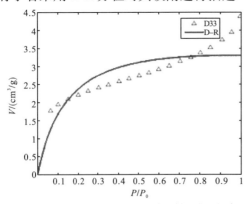 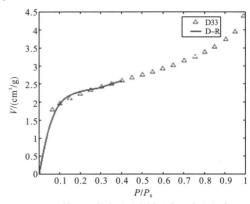

(a)D-R 等温吸附式对页岩样品中-低压力段拟合　　　(b)D-R 等温吸附式对页岩样品全压力段拟合

图 3-15　D-R 等温吸附式在页岩低温液氮吸附中的应用

6. D-A 方程应用

D-A 方程为 D-R 方程基础上的修正式。由于取消了 D-R 方程中对指数项的限制，因此在将 D-A 方程应用于低温液氮页岩等温吸附描述时拟合精度显著提高（图 3-16）。但 D-A 方程建立的基础为 Polanyi 吸附势理论，从吸附机理上来讲，D-A 方程表征的吸附方式仅为微孔填充，而实际低温液氮页岩等温吸附过程中还包含单层吸附、多层吸附及毛细凝聚现象，且低温液氮条件下的吸附多在页岩的中孔及大孔中发生，与 D-A 方程的理论假设仍然不符。

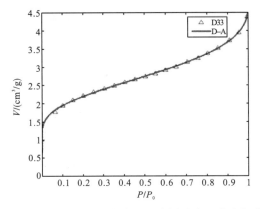

图 3-16　D-A 等温吸附式对页岩样品全压力段拟合

7. D-R-K 方程应用

D-R-K 方程与 D-R 方程相比，明确了式中的理想气体常数及实验温度项。对所选的液氮吸附实验而言，式中的 $R = 8.13\text{kJ}/(\text{mol} \cdot \text{K})$，$T = 77.3\text{K}$，将上述量参数的值带入 D-R-K 方程中，即可拟合低温液氮页岩等温吸附数据。但在实际应用中，所拟合等温吸附曲线偏离实际数据点较远，拟合精度极差，因此 D-R-K 方程在低温液氮页岩等温吸附中的应用效果仍较差。

第 4 章　页岩吸附特殊性

常用等温吸附式在描述低温液氮等温吸附过程时表现出了一定的局限性，这与页岩本身的复杂性有关。常用等温吸附式多适用于表面性质均匀的吸附剂材料，而页岩在其形成过程中，沉积、成岩后生作用等使页岩的性质不断发生变化，因此不同于常规的吸附剂材料。而这些差异来源于页岩本身在成分及结构上的特殊性。

4.1　页岩储层特征

4.1.1　组分特征

从页岩的矿物组成来看，页岩作为吸附剂其矿物成分复杂、组成多样[129]，含有多种黏土矿物（如高岭石、蒙脱石、伊利石等）、碎屑矿物（如石英、长石，方解石）等[130]。同时页岩中还含有铁、锰、铝的氧化物和氢氧化物、硫酸盐、碳酸盐、硫化物、硅质矿物及一些磷酸盐等。如北美巴尼特页岩气主要矿物为石英，含有蒙脱石、伊利石等黏土矿物，并含有少量黄铁矿及磷酸盐矿物[131-134]。各种矿物对吸附质的吸附性能不同，导致页岩吸附复杂。

同时，不同地层内页岩的矿物组成会有所差异，对比美国不同页岩地层与中国龙马溪组页岩的矿物成分可见（图 4-1）[135]，各页岩样品的黏土矿物含量均较高，但 Bossier 页岩样品黏土矿物含量差异较大，部分样品黏土矿物含量低于 40%。而石英、长石等脆性矿物的含量在不同页岩层中的差异更为明显：龙马溪组与伍德福德/巴尼特页岩中脆性矿物含量最高，普遍为 65%~85%，而博西尔页岩与俄亥俄页岩中脆性矿物含量相对较低，为 40%~60%；俄亥俄页岩，伍德福德/巴尼特页岩与龙马溪组页岩中的钙质组分含量均较低，但博西尔页岩中的钙质组分含量变化大，没有明显的主频区间。

页岩矿物组成的多样性以及在空间展布上的变化性使得页岩作为吸附剂表现出与均质吸附剂之间的明显差异。

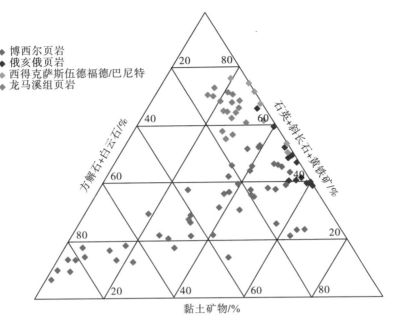

图 4-1　页岩矿物成分对比图

4.1.2　储集空间特征

页岩储层为多孔介质(如图 4-2),页岩孔隙尺寸跨度大,包括有大孔、介孔和微孔[136],孔隙空间大小以及孔隙结构也影响页岩吸附时的作用力及势场分布,导致吸附特征有差异。

图 4-2　页岩孔隙结构(据 SKL,2014)

根据前人对不同沉积盆地页岩孔隙结构特征的研究,关于页岩孔隙类型的认识主要有以下三类:

Loucks 等[137]认为,在页岩中存在三种类型的孔隙,分别为粒间孔、粒内孔和有机质孔。其中粒间孔为各种颗粒间存在的孔隙,包括片状黏土矿物、泥屑、泥晶颗粒以及石英、长石、自生黄铁矿等碎屑矿物。粒内孔包括：由颗粒部分或全部溶解形成的铸模孔；保存于化石内部的孔隙；草莓状黄铁矿结核内晶体之间的孔隙；片状黏土和云母矿物颗粒内的解理面(缝)孔及颗粒内部孔隙等。有机质孔隙是发育在有机质内的粒内孔隙，多为微孔。

于炳松[138]通过研究页岩中孔隙的产状，认为页岩基质孔隙同样包括粒间孔、粒内孔和有机质孔，其中粒间孔细分为颗粒间孔隙、晶间孔隙、黏土矿片间孔隙和刚性颗粒边缘孔隙等多个亚类；其中粒间孔进一步分为黄铁矿结核内晶间孔隙、黏土集合体内矿片间孔隙、球粒内孔隙、颗粒边缘孔隙、化石体腔孔隙、晶体铸模孔隙、化石铸模孔隙 7个亚类。

许长春[139]总结了国内页岩研究中常见的孔隙，包括：基质孔隙，裂缝和孔-缝复合型。其中基质孔隙包括残余原生孔隙、有机质生烃所形成的微孔隙、黏土矿物伊利石化所形成的孔隙和不稳定矿物(如长石、方解石等)溶蚀形成的溶蚀孔；裂缝包括构造裂缝(如张性裂缝、剪切裂缝、滑脱裂缝、构造压溶缝合线、垂向载荷裂缝、垂向差异载荷裂缝)和非构造裂缝(成岩收缩裂缝、热收缩裂缝、溶蚀裂缝和风化裂缝)；孔-缝复合型主要出现在以钙质泥页岩互层，夹薄层砂岩的地层中，具有泥页岩裂缝、层理缝和薄层砂岩孔隙等储集空间；不整合型，不整合面和沉积间断面等。

在孔隙结构研究方面，目前页岩储层孔隙结构研究的技术手段主要有铸体薄片分析、扫描电镜法、压汞法和气体吸附法等。页岩储层的平均孔径只有纳米尺度大小，单一的技术手段不能有效描述页岩的孔隙结构和表面形态。铸体薄片分析主要用于观察常规微米级别孔隙；扫描电镜法可以观察到局部范围内的纳米级孔隙；压汞法通常用于连通的中孔和大孔分析；气体吸附法可以有效反映材料中纳米孔隙的分布情况，在多孔材料的孔隙结构测试方面得到了广泛的应用[140]。

通过前人的分析总结发现，页岩不同于常规储层的是页岩储层中广泛发育纳米级孔隙，如干酪根纳米孔、颗粒间纳米孔、矿物晶间纳米孔、溶蚀纳米孔等。页岩中喉道呈席状、弯曲片状，孔隙直径介于 10~1000nm，主体范围为 30~100nm，纳米级孔是页岩储层连通性储集空间的主体。因此在页岩孔隙划分中也有考虑孔径大小的分类方案，如在中国南方海相页岩研究中，钟太贤(2012)综合考虑页岩孔径大小及储集空间类型，将页岩储集空间分为五种类型：裂隙(孔径超过 10000nm)、大孔(孔径介于 1000~10000nm)、中孔(孔径介于 100~1000nm)、过渡孔(孔径介于 10~100nm)、微孔(孔径小于 10nm)[141]。页岩样品中不同孔径孔隙体积百分比显示(图 4-3)，页岩中不同孔径孔隙体积差异明显，但总体表现为以微孔及过渡型孔隙为主，大孔含量较少。

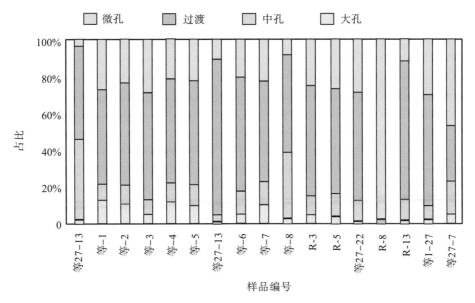

图 4-3　龙马溪组黑色泥页岩孔隙度分布图

4.1.3　物性特征

页岩作为非常规储层的另一特点是孔隙度和渗透率极低，总孔隙度一般小于 10%，含气的有效孔隙度只有 1%～5%，渗透率则随裂缝发育程度的不同而有较大的变化，在开发过程中一般需要进行人工压裂[139]。

以北美泥盆系的页岩岩心分析结果可见（表 4-1）[140]，样品的气体孔隙度极低，大部分地区的页岩气体孔隙度小于 0.10%，仅少数区域气体孔隙度接近 10%。从渗透率来看，页岩储层也表现出极低的渗透率特征，岩心测定的渗透率普遍小于 $0.01 \times 10^{-3} \mu m^2$，远低于常规储层的渗透率水平。极低的物性条件也影响了页岩中的吸附特征，使页岩的吸附表现出与普通吸附材料的差异性。

表 4-1　美国东部泥盆纪页岩岩心分析结果

样品	地层	深度/ft	有效应力/psi	气体孔隙度/%	渗透率/$(10^{-3}\mu m^2)$
EGSP-WV-5	Huron shale	3028	1750	<0.10	0.066
Moore #1(KY)	Huron shale	2904	1750	0.12	0.022
EGSP OH-6/4	Huron shale	2771	1750	<0.10	6.80
EGSP OH-9	Huron shale	3245	1750	0.15	0.001
EGSP WV-6	Marcellus	7448.5	3000	9.28	19.613
EGSP OH-6/4	Huron shale	2770.8	1750	<0.10	8.342
EGSP OH-6/5	Huron shale	2441.4	1750	0.18	0.248
EGSP OH-8	Huron shale	3325	1750	<0.10	0.194

注：1ft=0.3048m；1psi=6.89476×10³Pa

4.2 页岩气赋存状态

页岩气的赋存状态多样，除了常规储层中的游离态、溶解态以外，由于页岩一般含有较高的有机质和黏土矿物，同时，其孔隙结构使其具有较大的比表面积，有利于在基质孔隙表面吸附大量的天然气，因此，除游离气和溶解气以外，吸附气也成为页岩气藏重要的天然气存在形式[143]。从页岩的体积组成图来看（图 4-4），页岩储集空间中包含了自由气、溶解气及吸附气[144]。这些吸附气广泛吸附于页岩的有机质及黏土矿物中，是页岩气的重要组成部分。

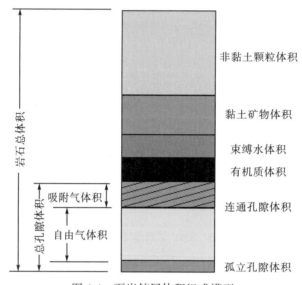

图 4-4　页岩储层体积组成模型

页岩气中吸附气与游离气之间的构成比例差异很大[139]。有机质成熟度高、热成因的页岩主要被游离气饱和，吸附气所占比例一般不超过 50%；相反，未发育成熟、生物成因的页岩主要被吸附气饱和，游离气所占比例很小[145]。据北美开发实践成果（图 4-5）：吸附态含量一般为 20%~85%，游离态含量一般为 15%~80%[130]。

由此可见，页岩从矿物组成、孔隙结构、储集物性和流体性质方面均表现出了与常规储层极大的不同（表 4-2）[139,146]。正是由于页岩存在诸多特殊的性质，因此页岩的吸附规律不同于常规的表面性质均匀的吸附剂。常规等温吸附式研究中吸附剂性质较为理想化，所得的等温吸附式难以准确反映页岩的等温吸附特征，需研究并优选适用于页岩储层的等温吸附式。

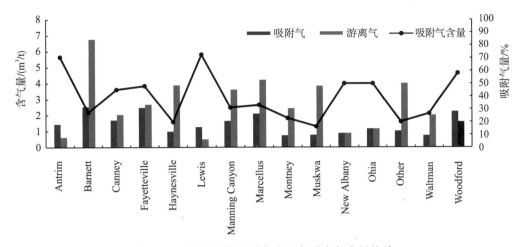

图 4-5　北美页岩气吸附气含量与游离气含量统计

表 4-2　页岩气与常规油气资源对比表

特点	页岩气	煤层气	致密气	常规储层气
成因类型	生物气或热成因气	生物气或热成因气		多样性
赋存状态	20%～85%为吸附,其余为游离和水溶	85%以上为吸附,其余为游离和水溶		富集于圈闭高点、不考虑吸附
储层	泥页岩及其间的砂质岩夹层	煤层及其中的碎屑岩夹层		孔隙性砂岩、裂缝性碳酸盐岩等
成藏特征	自生自储	自生自储		运移路径上的圈闭
主控因素	成分、成熟度、裂缝等	煤阶、成分、埋深等		气源、输导、圈闭等
主要成分	甲烷为主,少量乙烷、丙烷等	甲烷为主		甲烷为主,乙烷、丙烷等变化较大
烃源岩条件	富有机质页岩:TOC>2.00%	煤岩(层)	富有机质页岩、煤系地层等	富有机质页岩、煤系地层等
岩性	富有机质页岩为主,可含粉砂岩、砂岩、碳酸盐岩等夹层	煤岩	富含石英的致密砂岩为主,碳酸盐岩等	砾岩、砂岩、碳酸盐岩等
孔隙类型	基质孔隙(粒间孔、粒内溶孔、晶间孔)、有机质孔隙、微裂缝	基质孔、割理、裂缝等	残余粒间孔、粒内溶孔、高岭石晶间孔、杂基内微孔、裂缝等次生孔隙为主	原生粒间孔、粒内溶孔、晶间孔、溶洞等为主,少量次生孔隙
孔隙直径/nm	5～1000(平均100)	2～30		>1000
孔隙结构	双重孔隙结构	双重孔隙结构	双重孔隙结构	单孔隙结构为主
孔隙连通性	极差或不连通	连通性好	差或不连通	好或极好
孔隙度	4%～6%	1%～6%	3%～12%(一般小于10%)	>12%

特点	页岩气	煤层气	致密气	常规储层气
渗透率	<100.0nD(覆压下)	<100.0mD(覆压下)	≤0.1mD(覆压下)	>0.1mD(覆压下)
源-储关系	自源，自生自储、原位饱和富集，生-储-盖层三位一体	自源，自生自储、原位饱和富集，生-储层一体，泥、页岩为顶、底封盖条件	外源，源-储直接接触或紧密相邻，具有良好封盖层	外源，烃源岩与储集岩一般隔离较远，少数紧密接触或侧向接触

4.3　页岩中的吸附过程

图4-6为两组(共20个)样品的等温吸附曲线。由图可见，实际页岩的等温吸附曲线形态大致为两种：一种为(a)图所示的反S型，另一种为(b)图所示的反C型。根据Brunauer等[43]提出的BDDT等温吸附曲线分类，分别属于分类中的Ⅳ型和Ⅴ型。根据等温吸附曲线类型相关研究[53]，Ⅳ型、Ⅴ型曲线的共同点为：当压力达到一定值时，发生毛细凝聚，形成吸附-解吸滞后。而不同点在于，Ⅳ型曲线在低压区吸附方式为单层-多层吸附，发生毛细凝聚前的实验数据点可根据BET方程计算样品的比表面积等参数；Ⅴ型曲线在低压区，单层吸附作用不明显，目前对于该类曲线的解释大致有两种，一是认为吸附剂中一定数量的孔隙尺寸小于吸附质分子直径，因此当压力达到大于吸附质分子直径的孔隙吸附所需的压力时，吸附量才开始显著增加[147]。二是认为吸附剂中的孔隙多为微孔，由于孔隙内壁势能的叠加，使孔隙内的吸附方式不同于其他吸附剂，表现为微孔填充[148]。两种解释都论述了孔隙尺寸大小对吸附方式和吸附量的影响。

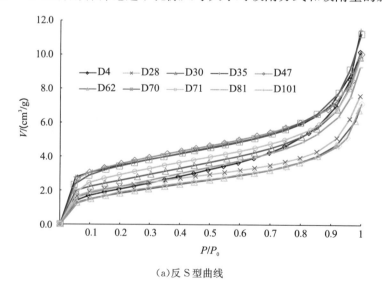

(a)反S型曲线

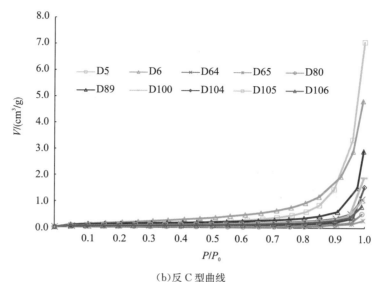

(b)反 C 型曲线

图 4-6 页岩等温吸附曲线

对于页岩吸附而言,大部分出现的吸附曲线形态属于Ⅳ型,实验测试的所有样品中,仅有 10%左右的样品属于Ⅴ型,从等温吸附曲线分类情况来看,Ⅳ型等温吸附曲线包含单层吸附、多层吸附及毛细凝聚过程;而Ⅴ型等温吸附曲线虽不含单层吸附过程,但毛细凝聚过程依然存在,因此页岩的氮气吸附包含了单层、多层吸附及毛细凝聚过程。

具体来讲,页岩等温吸附曲线大多在低压段存在明显的拐点,拐点通常指示单层吸附的饱和点。即在此压力点,吸附剂孔隙内壁均已附着上一层吸附质分子。而在对页岩等温吸附低压段的吸附量与压力数据进行拟合时,曲线很好地满足由单分子层吸附模型推导得出的 Langmuir 等温吸附式,表明其吸附过程的低压段存在单层吸附。

此外,低温液氮吸附实验获取的页岩等温吸附数据专门用于分析页岩的比表面积,实验的理论基础就是 BET 多层吸附理论,实际分析中通常选用相对压力低于 0.4 的实验数据点进行计算。而通过对页岩等温吸附数据的回归,BET 等温吸附式在低压区的拟合效果较好,表明在页岩等温吸附过程中压力较低时具有多层吸附的特点。

一般情况下,在单层、多层吸附过程中,吸附-解吸曲线能较好地重合,而如图 4-7中所示,当相对压力达到一定值时(一般在 0.4 左右),页岩的吸附-解吸曲线形成由于毛细凝聚引起的滞后环,表明页岩等温吸附过程中存在毛细凝聚现象。这也是低温液氮等温吸附曲线区别于高温高压甲烷等温吸附实验的一项重要标志。

综上所述,在低温液氮页岩等温吸附中,吸附初期,氮气逐渐吸附于页岩孔隙内表面直至达到单层吸附最大吸附量,在孔隙内壁形成一层单分子吸附层[149](图 4-8(a));随着压力升高吸附量逐渐增大,在吸附剂与吸附质分子作用力及吸附质分子间作用力的影响下,吸附层逐渐增加,发生多层吸附(图 4-8(b));当压力达到孔隙空间内氮气液化所需的压力值时发生毛细凝聚,形成滞后环(图 4-8(c))。

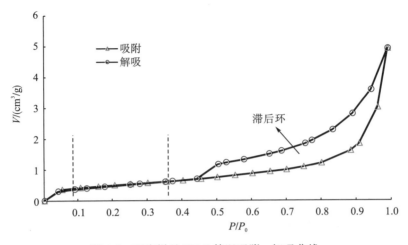

图 4-7　页岩样品(D16)等温吸附－解吸曲线

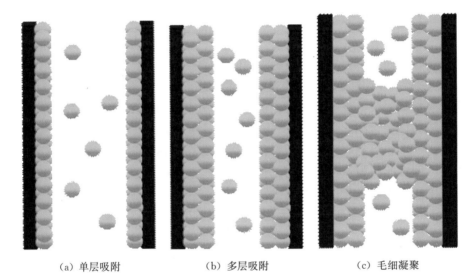

(a) 单层吸附　　　　　　　　(b) 多层吸附　　　　　　　　(c) 毛细凝聚

图 4-8　页岩等温吸附方式

第5章 基于过程的页岩等温吸附式研究

5.1 等温吸附式建立及其参数研究

前文分析可知，页岩吸附过程包括有单层吸附、多层吸附以及毛细凝聚特征，因此新的页岩等温吸附式必须能够同时刻画这三种现象。研究以三类典型的吸附式（Langmuir、BET、Freundlich）为基础，尝试获得页岩新的等温吸附式。

在 BET 等温吸附式推导过程中，首先假设对于第 n 层，当吸附达到平衡后，该层上的脱附速度等于第 $n-1$ 层上的吸附速度相等，即

$$a_n P S_{n-1} = b_n S_n \, e^{\left(-\frac{E_L}{RT}\right)} \tag{5-1}$$

而总的吸附量 V 为

$$V = \sum_{n=0}^{\infty} n \, s_n = 0 S_0 + 1 S_1 + \cdots + n S_n = c S_0 \sum_{n=1}^{\infty} n x^n \tag{5-2}$$

其中：

$$\frac{S_n}{S_{n-1}} = \frac{a_n P}{b_n \, e^{\left(-\frac{E_L}{RT}\right)}} = x \, ;$$

$$cx = \frac{a_1 P}{b_1 \, e^{\left(-\frac{E_L}{RT}\right)}} \, .$$

又由单层最大吸附量表达式：

$$V_m = \sum_{n=0}^{\infty} s_n = S_0 + S_1 + \cdots + S_n = S_0 \Big[1 + c \sum_{n=1}^{\infty} x^n \Big] \tag{5-3}$$

得

$$\frac{V}{V_m} = \frac{\dfrac{c S_0 x}{(1-x)^2}}{S_0 \left(1 + \dfrac{cx}{1-x}\right)} = \frac{cx}{(1-x)(1-x+cx)} \tag{5-4}$$

由于在压力达到吸附质的饱和蒸汽压 P_0 时，吸附剂表面的吸附层数无限大，则式中 V 趋近于无限大，则 $x=1$。同时，在达到饱和蒸汽压时，气体压力 P 等于饱和蒸汽压 P_0，因此得到

$$x = \frac{P}{P_0} \tag{5-5}$$

进而得到 BET 等温吸附式的表达式：

$$V = \frac{V_{\mathrm{m}}cP}{(P_0 - P)\left[1 + (c-1)\dfrac{P}{P_0}\right]} \tag{5-6}$$

由该推导过程可见，当吸附剂中的吸附层数有限时，等温吸附式变形为

$$V = \frac{V_{\mathrm{m}}cx(1-x^n)}{1-x}\left[\frac{1-(n+1)x^n + n\,x^{n+1}}{1+(c-1)x - c\,x^{n+1}}\right] \tag{5-7}$$

当 $n=1$ 时，吸附式即为 Langmuir 等温吸附式，因此，Langmuir 等温吸附式为 BET 等温吸附式的一种特殊表达形式。在以 Langmuir 等温吸附式、BET 等温吸附式及 Freundlich 等温吸附式为基础进行页岩等温吸附式探讨时，主要以后两者为基础进行研究。

5.1.1 等温吸附式建立

将 BET 等温吸附式变形得以相对压力 P_{r} 为自变量的表达式：

$$V = \frac{V_{\mathrm{m}}c\,P_{\mathrm{r}}}{-(c-1)\,P_{\mathrm{r}}^2 + (c-2)P_{\mathrm{r}} + 1} \tag{5-8}$$

式中：

V 为吸附量，$\mathrm{cm^3/g}$；

P_{r} 为相对压力，即平衡压力 P 与实验温度下吸附气体的饱和蒸汽压 P_0 的比值；

V_{m} 为单层最大吸附量，$\mathrm{cm^3/g}$；

c 为与吸附热相关的系数。

将式(3-2)引入相对压力 P_{r} 得

$$M = kP_{\mathrm{r}}^{\frac{1}{n}}\,P_0^{\frac{1}{n}} \tag{5-9}$$

由于 Freundlich 吸附式描述的是压力与单位质量吸附剂表面吸附质质量的关系，为统一量纲，将式(5-9)变形为

$$V = \frac{k\,P_{\mathrm{r}}^{\frac{1}{n}}\,P_0^{\frac{1}{n}}}{\rho_{\mathrm{g}}} \tag{5-10}$$

式中：

ρ_{g} 为吸附气体密度，$\mathrm{g/mL}$。

对于已知实验条件，实验温度下的吸附质饱和蒸汽压及密度为定值，因此令 $\dfrac{k\,P_0^{1/n}}{\rho_{\mathrm{g}}} = k'$，则式(5-10)变为

$$V = k'P_{\mathrm{r}}^{\frac{1}{n}} \tag{5-11}$$

由式(3-12)、(3-25)可以看出，Langmuir、BET 等温吸附式中压力（相对压力）的系数和指数与单层吸附、多层吸附相关物理量有对应性。在建立页岩吸附函数时，我们利用 BET 吸附式的函数形式，并结合能够描述液相吸附特征的 Freundlich 吸附式，拓展相对压力的系数和指数为待定参数，新的页岩吸附函数如下：

$$V = \frac{A\,P_{\mathrm{r}}^{\,M}}{B\,P_{\mathrm{r}}^{\,N} + C\,P_{\mathrm{r}}^{\,K} + 1} \tag{5-12}$$

式中：

V 为吸附量，cm^3/g；

$P_r = P/P_0$，P 为平衡压力，MPa；P_0 为饱和蒸汽压，MPa；

A，B，C 为待定系数；

M，N，K 为待定指数。

式(5-12)中当 $M = N = 1$；$C = 0$；$A = V_m b$；$B = b$ 时，吸附式化简为

$$V = \frac{V_m b\, P_r}{1 + b\, P_r} \tag{5-13}$$

即为 Langmuir 等温吸附式。

式(5-12)中，当 $M = K = 1$；$N = 2$ 时，吸附式简化为

$$V = \frac{A\, P_r}{B\, P_r^2 + C\, P_r + 1} \tag{5-14}$$

等式右边分子分母同时乘以饱和蒸汽压 P_0 得

$$V = \frac{AP}{B\, P_r^2\, P_0 + C\, P_r\, P_0 + P_0} \tag{5-15}$$

当 $-B = C + 1$ 时，将 $C\, P_r P_0$ 项拆分为 $(C+1)P_r P_0 - P_r P_0$ 得

$$V = \frac{AP}{(P_0 - P)\left[1 + (C - 1)\dfrac{P}{P_0}\right]} \tag{5-16}$$

则在 $A = V_m c$，$C = c$ 时，吸附式为 BET 等温吸附式：

$$V = \frac{V_m c P}{(P_0 - P)\left[1 + (c - 1)\dfrac{P}{P_0}\right]} \tag{5-17}$$

当 $B = C = 0$；$A = k' P_0^M$；$M = 1/n$ 时，吸附式为

$$V = k'\, P^{\frac{1}{n}} \tag{5-18}$$

等式两边同时乘以吸附质密度 ρ，则吸附式变形为

$$m = k'\, P^{\frac{1}{n}}\rho \tag{5-19}$$

令 $k'\rho = k$，则吸附式为 Freundlich 等温吸附式：

$$m = k\, P^{\frac{1}{n}} \tag{5-20}$$

由此可见，新建立的页岩等温吸附式与经典的等温吸附式理论研究有良好的对应关系，再次论证了该页岩等温吸附式较好的理论基础。

5.1.2　等温吸附式参数研究

由以上讨论可知，新的页岩吸附函数中待定参数与 Langmuir、BET 及 Freundlich 等温吸附式中系数及指数的物理化学含义有关。

从热力学角度对 Freundlich 等温吸附式推导时，可以得到指数 n 的表达式[151]：

$$n = -\frac{\Delta H_m}{RT} \tag{5-21}$$

式中：

ΔH_m 为吸附焓，J；

R 为摩尔气体常量，J/(mol·K)；

T 为实验温度，K。

对比公式(5-12)中相对压力项的指数，说明参数 M、N、K 与实验温度相关，反映了吸附熵的大小，代表吸附作用的强度。

式(5-12)中系数 A：

$$A = V_m c P_0{}^M \tag{5-22}$$

因此，A 与单层最大吸附量 V_m、吸附热及实验温度下吸附质饱和蒸汽压 P_0 及指数 M 相关。

式(5-12)中系数 B、C：

$$B = -(c-1) P_0{}^N \tag{5-23}$$

$$C = (c-2) P_0{}^K \tag{5-24}$$

根据 BET 等温吸附式的推导过程，参数 c 的表达式为

$$c = \frac{a_1}{b_1 \, \mathrm{e}^{\left(\frac{E_1 - E_L}{RT}\right)}} \tag{5-25}$$

其中 E_1 为第一层吸附质分子的吸附热，E_L 为其后每层吸附质分子的吸附热，且假设第一层吸附质分子与吸附剂之间的作用力远大于其后各层的吸附质分子之间的作用力，因此 $E_1 \gg E_L$，且 a_1，b_1 均为正比例常数，故可初步判定 $c > 0$。

则 B、C 与吸附热、饱和蒸汽压以及指数 N、K 相关。

在明确公式(5-12)中各待定参数的物理化学含义后，可以进一步分析这些参数的取值范围。

式(5-22)中 V_m、c、$P_0{}^M$ 的值均为正数，则 A 的取值范围为 $A > 0$。

公式(5-12)中参数 B、C 的取值范围与 BET 吸附式中的参数 c 有关。D. C. Jones 确定了 BET 等温吸附式中 c 值与吸附曲线类型的关系[152]（如图 5-1）。单层吸附向多层吸附转变时，Ⅱ型等温吸附曲线有明显的拐点，c 值大于 2；Ⅲ型等温吸附曲线无明显拐点，c 值小于 2。对于页岩等温吸附而言大都属于Ⅱ型等温吸附曲线，总体上可以判断页岩等温吸附中的 c 值大于 2，则新的等温吸附式中 $B < 0$，$C > 0$。

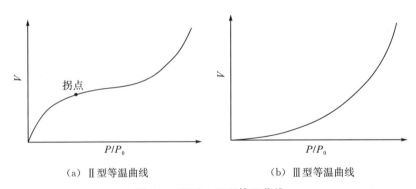

(a) Ⅱ型等温曲线   (b) Ⅲ型等温曲线

图 5-1　Ⅱ型、Ⅲ型等温曲线

参数 M、N、K 与吸附熵的变化相关，对于等温吸附体系：

$$\Delta H_m = H_2 - H_1 = (U_2 + P_2 V_2) - (U_1 + P_1 V_1) \tag{5-26}$$

在等温条件下，由理想气体状态方程可知 $P_1 V_1 = P_2 V_2$，因此体系的吸附焓变化等于体系的内能变化，即 $\Delta H_m = \Delta U$。等温吸附为放热过程，$\Delta U < 0$，则 $\Delta H_m < 0$，参数 $M > 0$、$N > 0$、$K > 0$。

5.2　页岩样品等温吸附方程

根据新建立的基于过程的页岩等温吸附式的函数关系以及待定参数的取值范围，以鄂尔多斯盆地和四川盆地部分页岩为例，用 Matlab7.1 版软件对 106 组样品的相对压力与吸附量数据进行拟合。其中 6 个样品的拟合结果如图 5-2 所示。全部 106 组样品拟合参数见附录 A。

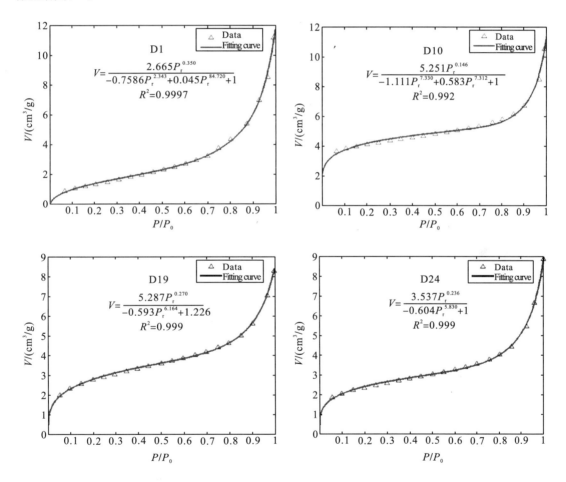

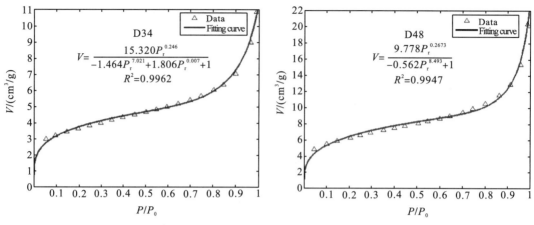

图 5-2　基于过程的等温吸附式拟合结果

　　从拟合结果来看，拟合精度在 $0.9837 \sim 0.9999$，平均拟合精度为 0.9975，能较为准确地描述页岩等温吸附。基于过程的页岩等温吸附式可以完整描述包含单层吸附、多层吸附及毛细凝聚的等温吸附过程，描述效果较好。

第 6 章　基于模型的页岩等温吸附式研究

不同的孔隙模型通常对应吸附剂不同的吸附规律。在研究页岩等温吸附式的过程中，选择合适的孔隙模型对页岩等温吸附式进行探究。

6.1　页岩孔隙模型选择

吸附剂孔隙空间几何模型的选择是众多与吸附剂相关研究的基础。选择正确的孔隙形态几何模型对于吸附材料的吸附性质和孔隙特征至关重要。前人主要在毛细凝聚现象及吸附剂孔径分布的相关研究中，选择不同的孔隙空间几何模型进行分析。

6.1.1　吸附研究中常见孔隙模型

在与毛细凝聚相关的研究中，主要选择不同的孔隙空间几何模型研究毛细凝聚发生的条件及用毛细凝聚现象解释不同吸附剂的滞后现象。

1.毛细凝聚发生条件研究

在毛细凝聚现象研究方面，Voigt[153]对比了墨水瓶形和圆柱形孔隙中发生毛细凝聚时曲率半径的差异进而研究吸附剂的孔径分布与表面积。Evans[154]对以圆柱形和狭缝形为模型的孔隙中发生毛细凝聚的温度压力条件及其对应的毛细凝聚半径进行研究。Lijima[155]将石墨烯卷成圆柱状研究柱状孔隙中发生凝聚时液−固表面的相互作用力。Tuller[156]将孔隙形态假设为互成交角的狭缝形，并由单一平板表面、平行平板和被液体部分阻塞的狭缝形逐步探讨狭缝形孔隙中毛细凝聚的发生条件，如孔隙中液体凝聚和蒸发的界面交角、界面面积等。Ravikovitch[157]研究了圆柱形孔中毛细凝聚与蒸发可逆的孔径范围，指出直径为 3～6nm 的球形孔中的毛细凝聚是可逆的。Bucior[158]以狭缝形孔隙为模型研究了两相流体在多孔介质中的毛细凝聚现象。通过计算得出可发生毛细凝聚温度范围内的吸附解吸曲线，并从理论上验证了两相流体在多孔材料中的凝聚相变与孔径宽度有关。Vishnyakov[159]假设孔隙空间为球形，孔隙之间由细颈圆柱形孔隙连接，模拟分析了毛细凝聚的影响因素。认为发生毛细凝聚是由孔阻塞效应(pore blocking effects)造成，连接处的开口越大，发生毛细凝聚的压力越大。Kowalczyk[160]用 DBdB 理论(Derjaguin-Broekhoff-de Boer Theory)模拟在腔体为球形且由圆柱形连接的孔隙中的毛细凝聚和蒸发，并指出毛细凝聚现象与孔壁已形成的吸附膜的稳定性有关。当吸附膜由亚稳态准变为稳定状态后才发生凝聚。Yao Wang[161]以圆柱形孔为模型，研究了吸附剂中发生毛细凝聚时的等容热与表面张力、温度和孔径之间的关系。Gennady[162]将孔隙形态假设为重叠的球形(overlapping spherical pores)空间的组合。通过模拟孔径大小相同，开口处大小不同的球形孔隙内化学势分布及等温吸附曲线，发现开口大小影响吸附剂发生毛细凝聚的压力条件。Kutarov[163]选用狭缝形孔模型，用 TVFM(theory of volume filling in micropore)计算微孔内发生毛细凝聚的孔隙半径，所得结果与相同条件下的实验计算半径接近。

2. 毛细凝聚与滞后现象

也有很多学者在毛细凝聚的基础上基于不同的孔模型解释了滞后现象。Zsigmondy[164]假设吸附剂的孔隙为一端开口的圆柱形，从凝聚和蒸发的压力角度解释了滞后现象的原因。Cohan[165]将孔隙形态假设为两端开口的圆柱形，阐述了该模型下吸附膜的成核作用以及解吸滞后的成因。Kraemer[166]解释了以墨水瓶为孔隙形态的吸附剂中滞后现象的原因。Broeckhoff[167]研究了在吸附剂为塑性材料时，随着压力的增加，孔隙形态由平板形向楔形转变，并由此解释了滞后现象。Nguyen[168]对比了在锥形孔和收缩的圆柱形孔(constricted cylindrical pore)中，滞后环形态的控制因素。在锥形孔中，滞后环的形态受锥形夹角、孔宽度和开口情况的影响。而对收缩的圆柱形孔隙而言，滞后环形态和大小受孔隙大小控制相对较弱。Chunyan Fan[169]从弯月液面形态差异及凝聚前后吸附质的性质变化解释了狭缝形孔隙中产生滞后的原因。发生凝聚后及解吸时的弯月液面形态不同。且凝聚后的吸附质具有很强的结合力，造成吸附质在孔隙中很稳定，因此不易解吸，形成滞后。

3. 以吸附实验为基础的孔径分布分析

密度函数理论、HK 模型、蒙特卡洛模拟等作为以吸附实验研究吸附剂孔径分布的理论基础，在吸附剂特征的研究中应用广泛。这些理论在不同孔隙模型中的应用也得到了较为深入的研究。

以密度函数理论为例，Marconi[170]将平板形孔隙在某一方向上的长度定为无限大，研究在该假设条件下的活性炭密度函数理论。Seaton[171]将吸附剂简化为仅宽度发生改变的狭缝状孔隙研究其密度函数的表达式。Davies[172]在二维空间内将活性炭中的孔隙模拟为矩形或三角形的混合进行其密度函数的研究。Ravikovitch[173]在狭缝形孔模型中考虑狭缝宽度改变及增加狭缝壁厚度得出了活性炭的密度函数。Ustinov[174]假设孔隙形态为球形，所得 NLDFT 计算结果与实验值接近，并将在该模型下进行的孔径分布计算方法推广应用到无定形表面的吸附研究中。Terzyk[175]对比了多种计算方法(BJH 算法、NLDFT 方法等)在狭缝形富勒烯孔径分布计算中的应用。Bo peng[176]以密度函数理论为基础，假设孔隙形态为圆柱形，研究了氩吸附后的平均密度、平衡压力等参数，并与分子模拟结果和实验结果进行对比分析。Kowalczyk[177]假设孔隙为狭缝形，结合密度函数理论与蒙特卡洛模拟研究了微孔碳的孔径分布。Lucena[178]采用在石墨烯表面任意刻蚀的方法扩大了狭缝状孔隙模型的非均质性，研究其密度函数。de Oliveira[179]采用表面原子修饰的方法表征狭缝状孔隙的非均质性，进而研究其密度函数。Jagiello[180]等采用均质狭缝孔模型，通过确定孔壁能量分布函数，研究了该类孔隙模型下的非定域密度函数。

而在 HK 模型研究中，Horvath[181] 假设孔隙形态为狭缝形，得到了具该结构的微孔材料的孔径分布计算方法，即 HK 模型。Chen[182] 在狭缝形孔隙 HK 模型研究中引入 Langmuir 吸附式，研究了孔径分布计算方法。Rege[183] 提出了在球形孔隙中运用 HK 模型进行孔径分布计算的方法，也选用狭缝形孔模型，结合微孔势能分布研究了基于 HK 模型的新的孔径分布计算模型。

此外，也有其他基于孔隙模型的孔径分布研究。Everett[184] 借用狭缝形孔隙研究的思路对圆柱形孔隙表面的振动频率等势能性质进行研究。Biba[185] 分别探讨了在微孔中，当孔隙的平滑度发生变化时，圆柱形孔隙、球形孔隙的比表面积和其中吸附质体积的变化。Kowalczyk[186] 采用吸附随机算法对狭缝形孔隙材料的孔径分布进行研究，并与密度函数理论计算结果进行对比。Sweatman[187] 研究了狭缝形孔隙的活性炭上纯组分气体（二氧化碳、氮气）在不同温度、压力条件下的吸附性能，并由此探讨了吸附剂的孔径分布计算。Ustinov[188] 研究了在亚临界状态下液氮在具平板形微孔的石墨上的吸附曲线及吸附热。Andersen[189] 研究了若吸附剂的孔隙形态为锥形，则对于炭而言其锥形孔隙可能出现的夹角角度。Konstantakou[190] 采用正巨则蒙特卡洛模拟法研究了狭缝形炭孔隙表面的能量分布进而研究其吸附特征。

6.1.2　页岩孔隙模型建立

由前人研究可见，多孔介质吸附性质研究中，常采用柱状模型、球形模型及平板形模型等对吸附剂孔隙空间形态进行模拟。对页岩等温吸附式探究而言，由于毛细凝聚体积计算与孔隙空间的几何形态密切相关，因此在选择孔隙几何模型时既要考虑模型中吸附过程与实际页岩中吸附过程的相似性，也要考虑模型计算的可行性。在具开口的球形孔隙中（图 6-1），随着相对压力的增加，球形孔隙内壁逐渐形成吸附层，其后发生毛细凝聚，直至孔隙空间被重填。因此球形孔隙模型可近似模拟页岩中发生的吸附过程。但对于相同孔径孔隙的叠加计算极为烦琐，不易运算。

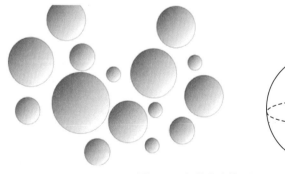

图 6-1　球形孔隙模型

将孔隙形态简化为平板形时，相同孔径的孔隙易于叠加计算，但根据孔隙形态与吸附－解吸曲线形态对应关系的相关研究，平板形模型所形成的理论吸附曲线与实际页岩吸附曲线不符。由 de Boer 的研究可知[58]，具平板形孔隙特征的吸附剂等温吸附曲线在压力接近饱和蒸汽压时吸附曲线急剧上升，而解吸曲线在中等相对压力时迅速下降（图6-2），与页岩等温吸附曲线反映的曲线特征相差甚远。同时，计算平板形孔隙空间体积时，仅平板间距（模拟孔隙直径）$2r$ 和孔隙长度 L 可度量，而沿第三个方向的延伸情况未知（图6-3），因此平板形孔隙空间的边界不易确定，孔隙体积计算较难实现。

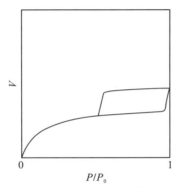

图 6-2　平板形孔隙对应等温吸附—解吸曲线

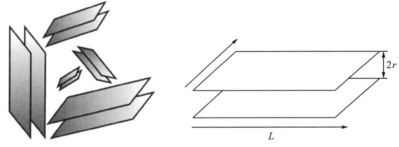

图 6-3　平板形孔隙模型

而相对于球形孔隙和平板形孔隙，圆柱形孔隙不但易于相同孔隙半径的孔隙叠加，同时孔隙空间体积计算较易实现，因此选择圆柱形孔隙模型模拟实际页岩孔隙。

将某一特定压力下发生相同吸附过程的孔径相同的孔隙进行累加等效，如图6-4所示，将页岩样品中所有半径为 r_i 的孔隙段进行叠加，各孔隙的长度分别为 L_1，L_2，…，L_n，将相同半径的孔隙长度加和，得到图中所示等效圆柱体，圆柱体长度 L 则代表了全部页岩样品中半径为 r_i 的所有孔隙段的总长度。

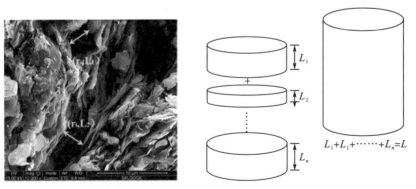

图 6-4　圆柱形孔隙叠加示意图

　　由于在页岩中发生的吸附过程包括单层吸附、多层吸附和毛细凝聚，因此将圆柱形孔隙体积分为单层、多层吸附体积(图 6-5 中圆环部分)及毛细凝聚体积(图 6-5 中圆柱形部分)。

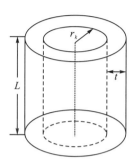

图 6-5　圆柱形孔隙体积组成示意图

　　t 表示多层吸附层厚度；r_k 表示发生毛细凝聚的孔半径；L 表示孔隙长度。则页岩等温吸附体积由环形空间内的多层吸附体积 V_1 及圆柱形空间内的毛细凝聚体积 V_2 组成。

6.2　等温吸附式建立及其参数研究

　　将页岩孔隙内的吸附体积分割为多层吸附体积与毛细凝聚体积后，以 Kelvin 理论、Halsey 理论等为基础建立基于圆柱形孔隙模型的页岩等温吸附式。

6.2.1　等温吸附式建立

　　环形空间内多层吸附体积 V_1 满足 BET 等温吸附式：

$$V_1 = \frac{V_m c P}{(P_0 - P)\left[1 + (c-1)\dfrac{P}{P_0}\right]} \tag{6-1}$$

　　根据发生毛细凝聚的柱状空间的体积，毛细凝聚体积 V_2 可表征为

$$V_2 = \pi r_k^2 L \tag{6-2}$$

　　r_k 已由 Kelvin 定律[191]得出，因此需建立能求解孔隙长度 L 的表达式。为了表征孔隙长度 L，引入 BJH 理论中暴露面积 S。沿图 6-6(a)所示剖面将环形柱状空间展开，则环形空间的外侧内表面得到图 6-6(b)所示的平面展开图。当压力由 P_1 增加到 P_2 时，由于发生吸附而被覆盖的吸附剂孔隙内表面积为

$$S = 2\pi(r_k + t)L \tag{6-3}$$

　　而将图 6-6(a)中所示圆环分割为若干个 dx 单元，则当所分割的单元体个数趋近于无穷大时，单个 dx 单元的体积接近于一个三棱柱的体积。将所有三棱柱按图 6-7 所示方式排列：

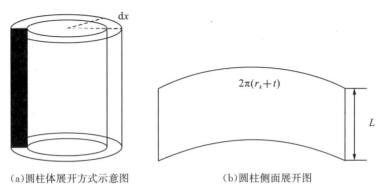

（a）圆柱体展开方式示意图　　　　　（b）圆柱侧面展开图

图 6-6　暴露面积示意图

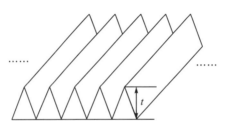

图 6-7　圆环体积展开示意图

三棱柱高度 t 则可由 Halsey 方程表征[40]：

$$t = t_m\left(\frac{5}{-\ln P_r}\right)^{\frac{1}{3}} \tag{6-4}$$

式中，t_m 表示单层吸附质分子覆盖时的分子层厚度。

由此，则发生多层吸附的环形空间体积的几何体积表达式为

$$V'_1 = \left[2\pi(r_k + t)L\right]t \tag{6-5}$$

为将孔隙长度 L 表征为所有已知量或可计算量的表达式，需引入新的方程对发生多层吸附空间的几何体积 V'_1 进行描述。由于 BET 理论所表示的多层吸附中，第一层吸附质分子与吸附剂之间的相互作用远大于其后所形成的吸附质分子间的相互作用，导致环形空间内多层吸附的覆盖率逐层降低（如图 6-8（a））。而对应到几何方法表征的环形空间的体积，空间内发生的吸附情况应是环形空间被吸附质分子充满，且各单层吸附的覆盖率无限接近于 1（如图 6-8（b））。因此，为使多层吸附体积更接近于环形空间的几何体积，多层吸附的体积可由单层吸附体积 V_{mono} 与吸附层数 θ 表示（如图 6-8（c））。

由于 Langmuir 等温吸附式表征的吸附量为发生单分子层吸附时的体积量，且随着压力的增加，覆盖率逐渐增加，直至达到饱和吸附量。因此选用 Langmuir 等温吸附式描述单层吸附体积 V_{mono}：

$$V_{mono} = \frac{V_L bP}{1 + bP} \tag{6-6}$$

将变量变为相对压力，即：

$$V_{mono} = \frac{V_L b P_r}{P_0 + b P_r} \tag{6-7}$$

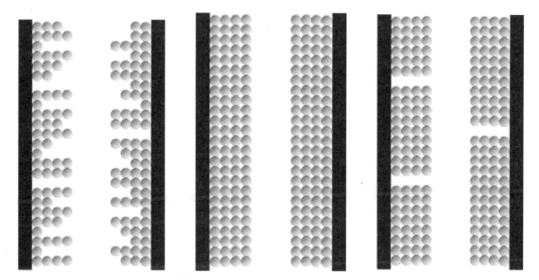

(a)BET 等温吸附式代表的多　　　(b)几何体算代表的多层吸附　　　(c)单层吸附与层数代表的多
　　层吸附方式　　　　　　　　　　　方式　　　　　　　　　　　　　　层吸附方式

图 6-8　多种方法表征多层吸附体积

吸附层数 θ 由 Halsey 方程的变形式表示：

$$\theta = \frac{t}{t_{\mathrm{m}}} = \left(\frac{5}{-\ln P_{\mathrm{r}}}\right)^{\frac{1}{3}} \tag{6-8}$$

则发生多层吸附的环形空间的体积亦可表示为

$$V_1'' = \left(\frac{V_L b P_{\mathrm{r}}}{\frac{1}{P_0} + b P_{\mathrm{r}}}\right)\left(\frac{5}{-\ln P_{\mathrm{r}}}\right)^{\frac{1}{3}} \tag{6-9}$$

将式(6-5)与式(6-9)结合得孔隙长度 L：

$$L = \frac{V_L b P_{\mathrm{r}}}{\pi(r_k + t)t\left(\frac{1}{P_0} + b P_{\mathrm{r}}\right)}\left(\frac{5}{-\ln P_{\mathrm{r}}}\right)^{\frac{1}{3}} \tag{6-10}$$

由于在任意压力点达到吸附平衡后，半径为该压力条件下能够发生毛细凝聚的孔隙及小于该半径的孔隙均充满凝聚液，因此孔隙内毛细凝聚体积为

$$V_2 = \pi r^2 L = \frac{V_L b P_{\mathrm{r}} r^2}{(r_k + t)t\left(\frac{1}{P_0} + b P_{\mathrm{r}}\right)}\left(\frac{5}{-\ln P_{\mathrm{r}}}\right)^{\frac{1}{3}} \tag{6-11}$$

将式(6-4)，(6-5)，(6-10)，(6-11)相结合，则得页岩等温吸附式为

$$V = \frac{A P_{\mathrm{r}}}{\frac{1}{P_0} + B P_{\mathrm{r}}} \cdot \frac{\frac{C^2}{(\ln P_{\mathrm{r}})^2}}{\frac{C}{\ln P_{\mathrm{r}}} + \frac{\sqrt[3]{5}}{(\ln P_{\mathrm{r}})^{\frac{1}{3}}}} + \frac{D P_{\mathrm{r}}}{(1-E) P_{\mathrm{r}}^2 + (E-2)P_{\mathrm{r}} + 1} \tag{6-12}$$

式中：

$A = V_L b$；

$B = b$；

$$C - \frac{2\sigma V_M \cos\theta}{t_m RT};$$

$$D = V_m c;$$

$$E = c.$$

6.2.2 等温吸附式参数研究

根据等温吸附式的建立过程，可明确影响各待定参数(A、B、C、D、E)的物理化学量，并可依据实际吸附剂-吸附质组合中物理化学量的赋值范围，确定各参数的取值范围，具体如下：

1. 参数 A 的取值范围

参数 $A = V_{Lan} b$，即参数为单层最大吸附量与参数 b 的乘积。根据 Langmuir 等温吸附式的动力学推导过程，可确定参数 b 的表达式。

根据克努曾余弦定律[192]，每秒时间内撞击面积为 $1cm^2$ 的吸附剂表面的气体分子物质的量为

$$\mu = \frac{P}{(2\pi MRT)^{1/2}} \tag{6-13}$$

其中，M 为气体相对分子质量。

由于被吸附的分子量应正比于碰撞分子量，同时正比于表面上的空吸附位数量 θ_o，用 α 表示碰撞分子中被表面所吸附的分子的百分比，k_a 表示吸附比例常数，则吸附速度可表示为

$$v_a = k_a \alpha \theta_o \mu \tag{6-14}$$

同样，脱附速度应与吸附剂表面被占据的吸附位数量成正比，k_d 表示脱附比例常数，则脱附速度可表示为

$$v_d = k_d \theta \tag{6-15}$$

当达到吸附平衡时，吸附速度与脱附速度相等，同时由于假设条件为单层吸附，因此有 $\theta_o + \theta = 1$，因此：

$$\theta = \frac{V}{V_L} = \frac{k_a \alpha P}{k_d (2\pi MRT)^{1/2} + k_a \alpha P} \tag{6-16}$$

据此得到等温吸附式中参数 b 的表达式为

$$b = \frac{k_a \alpha}{k_d (2\pi MRT)^{1/2}} \tag{6-17}$$

由于 α，k_a，k_b 均为正，且 $V_L > 0$，因此，参数 A 的取值范围为 $A > 0$。

2. 参数 B 的取值范围

参数 $B = b$，则根据参数 b 的表达式可得，参数 B 的取值范围为 $B > 0$。

3. 参数 C 的取值范围

参数 $C = \dfrac{2\sigma V_{\mathrm{M}}\cos\theta}{t_{\mathrm{m}}RT}$，对于一定的吸附质-吸附剂组合，参数 σ、θ 应与界面的性质有关。但对于实际页岩样品而言，由于组成页岩的矿物种类多样，且孔隙形态多变，孔隙结构复杂，因此造成吸附界面的性质不均匀，从而使样品整体表现的出表面性质不确定，故润湿接触角 θ 的大小不确定，因此，暂不能确定参数 C 的具体取值范围。

4. 参数 D 的取值范围

参数 $D = V_{\mathrm{m}}c$，为与 Langmuir 最大单层吸附量及吸附热相关的参数。由于 V_{m} 及 c 均大于 0，则参数 D 的取值范围为 $D > 0$。

5. 参数 E 的取值范围

参数 $E = c$，由于 $c > 0$，则参数 E 的取值范围为 $E > 0$。

初步明确了等温吸附式中各参数的取值范围后，在描述具体页岩样品的等温吸附式时，可依据参数的取值范围对参数值进行限制。

6.3　页岩样品等温吸附方程

根据新建立的基于模型的页岩等温吸附式的函数关系以及待定参数的取值范围，以鄂尔多斯盆地和四川盆地部分页岩为例，用 Origin8.0 版软件对 106 组样品的相对压力与吸附量数据进行拟合。其中 6 个样品的拟合结果如图 6-9 所示。全部 106 组样品拟合参数见附录 B。

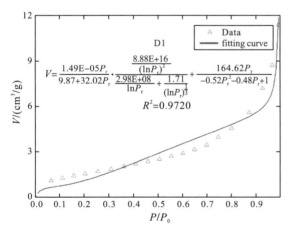
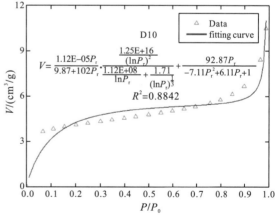

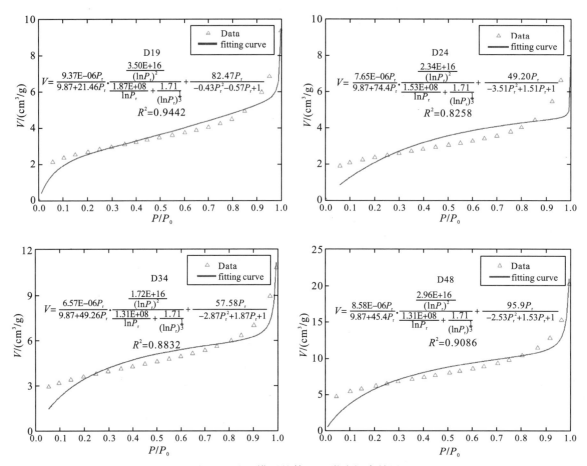

图 6-9　基于模型的等温吸附式拟合结果

　　由拟合结果可见,拟合精度在 0.7662～0.9981,平均拟合精度为 0.9490,也较为准确地描述了页岩等温吸附。基于模型的页岩等温吸附式充分考虑了页岩的孔隙特征,并且在一定的孔隙形态基础上按照页岩中实际发生的等温吸附过程建立页岩吸附的解析模型。所得到的等温吸附式体现了页岩作为吸附剂的吸附特征,并且满足等温吸附的一般规律,应用效果较好。

第7章 页岩等温吸附式应用效果评价

7.1 未测试压力点吸附量计算

在页岩低温液氮等温吸附实验中，为提高实验数据的可靠性，理论上需要尽量多的实验数据点。一般情况下，一个实验数据点的平均测试时长为30min，并且实验所需的液氮不可回收利用，实验数据点越多，原材料耗费越大。因此，从节约时间投入和经济成本的角度考虑，应在确保实验分析结果可靠性的前提下，最大限度地减少实验数据点。

建立的等温吸附式可针对每个页岩样品建立相对压力与吸附体积之间的关系式，理论上可通过每个样品的等温吸附式计算未进行测试的压力点的吸附体积。

1. 吸附量计算方法

选用建立的等温吸附式计算页岩样品未测试压力点的吸附体积方法较为简单，但为了后续计算结果的检验工作，需分离出实验所得数据中的部分数据点，以备进行计算结果的误差分析。具体步骤如下：

（1）为模拟实验数据点较少的情况，对单个实验样品而言，任意抽出样品中的5个实验数据点，将原有n个数据点分为两个集合Φ_1（含$n-5$个数据点），Φ_2（含n个数据点）。

（2）根据新建立的两种等温吸附式，分别对集合Φ_1内的实验数据点进行拟合，确定两种等温吸附式中各参数的值。

（3）应用样品相对压力与吸附体积的函数关系，分别用两种函数关系式计算集合Φ_2内每个压力点所对应的吸附体积，即模拟未测试的实验压力点的吸附体积。

2. 吸附量计算效果评价

以D83样品为例，将实验数据点分为两组后，对集合Φ_1内的数据点进行拟合，分别得到基于过程的页岩等温吸附式f_1：

$$V = \frac{2.23\,P_r^{0.43}}{-0.69\,P_r^{5.92} + 5.03 \times 10^{-6}\,P_r^{0.05} + 1} \tag{7-1}$$

基于模型的页岩等温吸附式f_2：

$$V = \frac{8.23 \times 10^{-6}\,P_r}{\dfrac{1}{P_0} + 32.99\,P_r} \cdot \frac{\dfrac{2.71 \times 10^{16}}{(\ln P_r)^2}}{\dfrac{1.65 \times 10^8}{\ln P_r} + \dfrac{\sqrt[3]{5}}{(\ln P_r)^{\frac{1}{3}}}} + \frac{52.96\,P_r}{-0.64\,P_r^2 - 0.36\,P_r + 1} \tag{7-2}$$

依据等温吸附式f_1及f_2计算集合Φ_2内的压力数据点对应的吸附量，得到用等温吸附式模拟的实验点吸附体积。为了评价等温吸附式用于计算非实验测试压力点吸附体积的效果，将模拟计算的吸附体积与实测吸附体积进行对比，计算结果与实验结果对比如表 7-1 所示。

表 7-1　D83 实测体积与计算体积误差统计

原始数据		等温吸附式 f_1		等温吸附式 f_2	
压力/MPa	实测体积/(cm^3/g)	计算体积/(cm^3/g)	误差/%	计算体积/(cm^3/g)	误差/%
0.10	0.87	0.81	7.03	0.82	5.26
0.25	1.17	1.23	5.08	1.40	4.23
0.60	1.87	1.84	1.22	1.98	6.31
0.75	2.31	2.24	2.94	2.40	3.90
0.90	3.42	3.42	0.19	2.54	25.86

由表中数据可见，基于过程的等温吸附式在样品吸附体积模拟计算中的误差值均在 10% 以下，而基于模型的等温吸附式在样品中的效果相对较差，在较高相对压力点的吸附量计算误差较大。

对应到等温吸附曲线上来看，将用基于过程的等温吸附式模拟计算点与实测等温吸附曲线置于同一坐标系中（如图 7-1），模拟计算点基本位于实测等温吸附曲线上，表明基于过程的等温吸附式在该样品未测试压力点的吸附量模拟中效果较好。

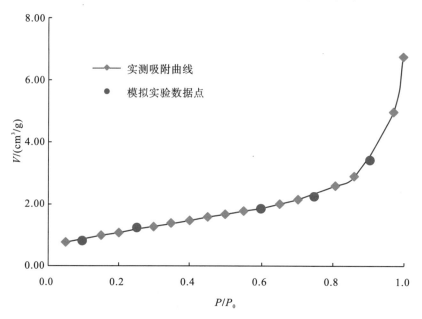

图 7-1　基于过程的等温吸附式预测体积与实测体积对比

而将用基于模型的等温吸附式模拟计算点与实测等温吸附曲线置于同一坐标系中（如图 7-2），在中低相对压力区域，模拟计算点基本位于实测等温吸附曲线上，但在高相对压力区域的模拟点明显偏移实测等温吸附曲线，表明基于模型的等温吸附式在该样品未测试压力点的吸附量模拟中存在一定不足。

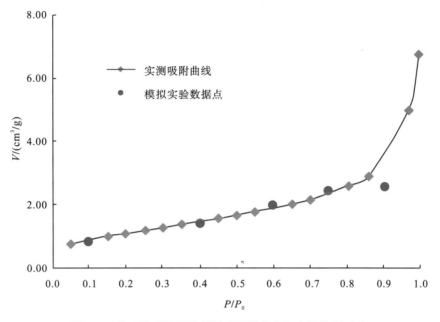

图 7-2　基于模型的等温吸附式预测体积与实测体积对比

为充分评价两种等温吸附式对于未测试压力点吸附量的计算结果，选取 10 个样品共计 50 个检验点，通过上述方法分别计算由不同等温吸附式得出的吸附体积，并将计算值与实测值进行误差分析。应用基于过程的等温吸附式计算结果如图 7-3 所示，50 个检测压力点计算值与实测值的误差均在 10％以内，说明基于过程的等温吸附式的模拟效果较好，用于计算未测试压力点的吸附体积具有一定的可行性。

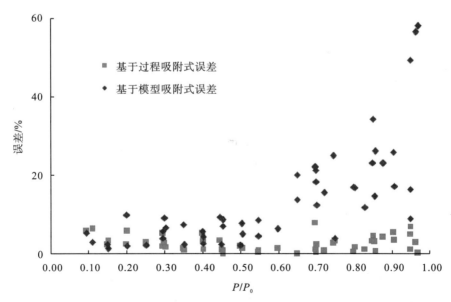

图 7-3　两种等温吸附式预测吸附体积误差值

而用基于模型的等温吸附式进行未测试压力点的吸附体积进行模拟时发现，等温吸附式在相对压力低于 0.6 的范围内的模拟效果较好，计算值与实测值之间的误差在 10％

以内。但随着压力升高，误差逐渐增大，在相对压力接近 1.0 处，误差值接近 60%，等温吸附式已不适用于模拟计算未测试压力点的吸附体积。分析认为，可能是等温吸附式建立时的假设条件与实际页岩中发生的等温吸附过程有差异所致。假定的极限情况是吸附剂孔隙空间被充满，而实际页岩等温吸附曲线中，由于页岩样品中存在超过等温吸附实验过程所能填充的最大孔径的孔隙，使得吸附曲线在相对压力接近 1.0 时仍持续上升，未达到饱和状态。此外，模型中假设页岩孔隙为圆柱形，但实际页岩中还部分存在模形、墨水瓶形或其他不规则形态的孔隙等。因此，应用基于模型的等温吸附式对样品为测试压力点的吸附体积进行模拟计算时，在高相对压力段与实测体积有很大偏差。

综合上述分析，在应用等温吸附式对未测试压力点的吸附体积进行模拟计算时，基于过程的等温吸附式的应用效果优于基于模型的等温吸附式的应用效果。

7.2　页岩样品比表面积计算

新建立的两种等温吸附式，一种是基于过程的等温吸附式，另一种是基于孔隙模型的等温吸附式。但在基于孔隙模型的等温吸附式推导过程中，也考虑了页岩孔隙中的等温吸附过程。两种等温吸附式建立的基础有差异，但均考虑了包含可用于单层最大吸附量的 Langmuir 等温吸附式和 BET 等温吸附式。因此从理论角度分析，二者均可用于计算页岩的比表面积。

7.2.1　基于过程的页岩等温吸附式参数计算比表面积

样品比表面积的计算，关键在于计算吸附剂孔隙内的单层最大吸附量。再结合吸附质分子直径，即可计算样品的比表面积。运用基于过程的等温吸附式参数进行比表面积计算的具体方法如下：

由基于过程的等温吸附式参数物理化学含义可知，吸附式中参数：

$$\begin{cases} A = V_\mathrm{m} c\, P_0{}^M \\ C = (c-2)\, P_0{}^K \end{cases}$$

联立解，得单层最大吸附量 V_m：

$$V_\mathrm{m} = \frac{A}{C P_0{}^{M-K} + 2 P_0{}^M} \tag{7-3}$$

结合氮分子直径 d，则比表面积计算公式为

$$S_1 = \frac{A}{d(C P_0{}^{M-K} + 2 P_0{}^M)} \tag{7-4}$$

以样品 D64 为例，由基于过程的等温吸附式可得各参数值：$A = 0.43$，$C = 1.00$，$M = 0.82$，$K = 0.01$。由此可计算样品的单层最大吸附量 V_m：

$$V_\mathrm{m} = \frac{A}{C P_0{}^{M-K} + 2 P_0{}^M} = 0.5005 (\mathrm{cm}^3/\mathrm{g})$$

在进行实际页岩比表面积计算时，需考虑相同物质的量的液氮与氮气之间的体积转

换因子 Q。

由液氮密度 0.808g/mL，氮气摩尔质量 28.0g/mol，标况下的气体摩尔体积 22.4L/mol 计算转换因子：

$$\dot{Q} = \frac{M}{\rho_L V_L} = \frac{28.0\text{g/mol}}{0.808\text{g/mL} \times 22.4\text{L/mol} \times 1000} = 1.5478 \times 10^{-3}$$

将等温吸附式拟合计算出的单层最大吸附量 V_m 进行校正，得校正后的单层最大液氮吸附体积：

$$V'_m = V_m Q \tag{7-7}$$

对该样品的单层最大吸附量进行校正后得 $V'_m = 7.75 \times 10^{-4}$（cm³/g），带入氮分子直径 $d = 0.304$nm，可计算样品的比表面积为

$$S_1 = 254.81 \text{ cm}^2/\text{g} = 2.55 \times 10^{-2} \text{m}^2/\text{g}$$

根据实验测定结果，样品 D64 的线性 BET 方程斜率为 1.39×10^4，截距为 5.23×10^2，样品比表面积 $S_{BET} = 0.24$m²/g，与采用基于模型的等温吸附式中参数计算出的比表面积相差较大。

为客观评价基于过程的等温吸附式在比表面积计算方面的应用效果，运用等温吸附式对取自鄂尔多斯盆地和四川盆地的 106 个样品的比表面积进行计算，并与多点 BET 方法的计算结果进行对比。

1. 鄂尔多斯盆地

采用基于过程的等温吸附式中参数 A，C 计算出的样品比表面积与多点 BET 方法计算出的结果对比如图 7-4 所示。其中，延长组与乌拉力克组样品的数据呈明显的负相关，仅平凉组数据呈正相关，但趋势线斜率原小于 1，表明采用该方法计算的比表面积与实验计算所采用的多点 BET 方法计算结果相差甚远，不能用以评价该盆地页岩样品的比表面积。

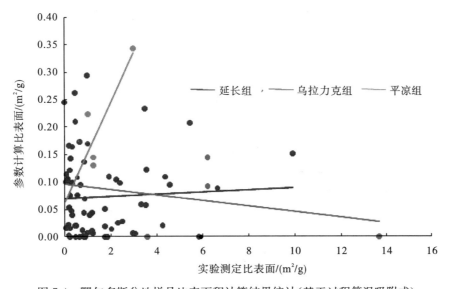

图 7-4　鄂尔多斯盆地样品比表面积计算结果统计（基于过程等温吸附式）

2. 四川盆地

基于过程的等温吸附式中参数 A，C 计算出样品比表面积的方法应用于四川盆地的效果如图 7-5 所示。各地层样品数据趋势线均表明采用吸附式参数计算出的比表面积与多点 BET 方法计算出的比表面积间无明显正相关性，表明采用该方法计算的比表面积在四川盆地的应用效果依旧很差。

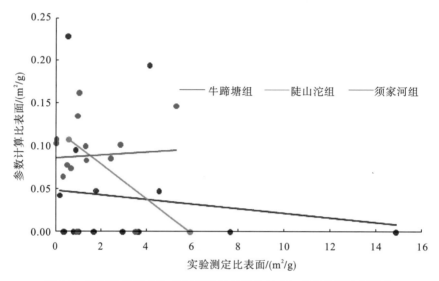

图 7-5　四川盆地样品比表面积计算结果统计(基于过程等温吸附式)

7.2.2　基于模型的页岩等温吸附式参数计算比表面积

基于模型的等温吸附式参数中仍然包含单层最大吸附量这一物理量，因此可根据参数值计算样品的比表面积。

由基于模型的等温吸附式参数物理化学含义可知，吸附式中参数：

$$\begin{cases} D = V_{\mathrm{m}}c \\ E = c \end{cases}$$

联立解，得单层最大吸附量 V_{m}：

$$V_{\mathrm{m}} = \frac{D}{E} \tag{7-5}$$

结合氮分子直径 d，则比表面积计算公式为

$$S_2 = \frac{A}{dE} \tag{7-6}$$

同样以 D64 号样品为例，采用基于模型的等温吸附式进行比表面积计算，由等温吸附式各参数值：

$D=7.17$，$E=1.56$ 可计算样品的单层最大吸附量：

$$V_{\mathrm{m}} = \frac{D}{E} = \frac{7.17}{1.56} = 4.59 (\mathrm{cm}^3/\mathrm{g})$$

经转换因子校正后得$V_m' = 7.11 \times 10^{-6}$（cm³/g），带入液氮分子直径 $d = 0.304$nm，可计算样品的比表面积为

$$S_2 = 2339.07 \text{ cm}^2/\text{g} = 2.34 \times 10^{-1} \text{m}^2/\text{g}$$

与采用多点 BET 方法计算出的样品比表面积 $S_{BET} = 0.24$m²/g 相比，基于模型的等温吸附式计算的比表面积 S_2 与多点 BET 方法计算结果较为接近。

同样将该方法应用于取自鄂尔多斯盆地和四川盆地的 106 个样品中计算其比表面积，并与多点 BET 方法的计算结果进行对比。

1. 鄂尔多斯盆地

采用等温吸附式中参数 D、E 计算出的比表面积与多点 BET 方法计算出的比表面积对比如图 7-6 所示。其中延长组、乌拉力克组及平凉组数据均表明参数计算结果与实验所采用的多点 BET 方法计算的比表面积间呈明显的正相关性，尤其是乌拉力克组样品数据斜率趋近于 1，说明采用该方法计算的比表面积与多点 BET 方法计算的比表面积非常接近，可作为页岩比表面积评价的参考，进而分析页岩的孔隙特征。比表面积越大，表明样品中所含小孔比例越高。

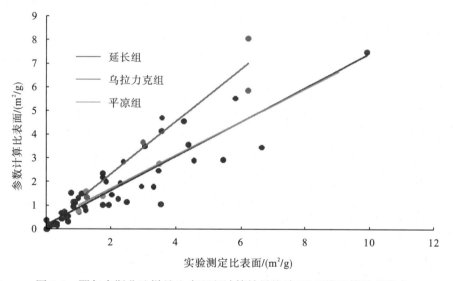

图 7-6　鄂尔多斯盆地样品比表面积计算结果统计（基于模型等温吸附式）

2. 四川盆地

采用参数 D、E 计算出的比表面积在四川盆地中体现出了一定的差异性。虽趋势线均表明参数计算的比表面积与实验采用的多点 BET 方法计算的比表面积间呈正相关性，但其中陡山沱组和须家河组数据趋势线斜率小于 0.5，仅牛蹄塘组数据趋势线斜率接近于 1，说明该方法计算的牛蹄塘组样品比表面积较为准确，而在陡山沱组和须家河组中的应用效果相对较差。

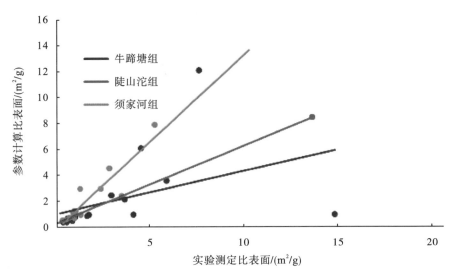

图 7-7   四川盆地样品比表面积计算结果统计（基于模型等温吸附式）

综合上述分析，基于模型的等温吸附式在页岩样品比表面积计算中的效果明显优于基于过程的等温吸附式计算结果，因此在依据等温吸附式参数进行的页岩比表面积计算中，优先选择基于模型的页岩等温吸附式。

7.3   吸附体系界面参数计算

任意一种吸附质与吸附剂组合形成的界面必定具有其特定的性质。而单就吸附剂而言，在不同条件下体现出的表面性质也有所差异。依据所建立的两种等温吸附式，可进行吸附体系部分性质的评价。

7.3.1   吸附能相关参数计算

发生吸附时，吸附质分子由原本的三维空间转移到二维的表面上，分子的运动受到限制，因此体系的熵减少。同时，吸附是一个自发的过程，因此体系的自由能会降低，故吸附是一个放热过程。不同的吸附剂应反映出不同的吸附能量的变化。而吸附热不同的样品，表现为吸附量也有明显差异，如图 7-8，随着吸附热的增加吸附量呈增加的趋势。

在两种等温吸附式的建立过程中，均用到了对吸附热条件进行假设的 Langmuir 等温吸附式和 BET 等温吸附式。因此可以依据等温吸附式中的参数对吸附界面的吸附能相关量进行评价。

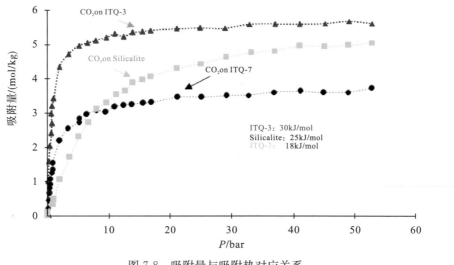

图 7-8　吸附量与吸附热对应关系

1. 计算 Langmuir 等温吸附式中参数 b 评价吸附能

对于 Langmuir 等温吸附式而言，可从质量作用定律、热力学、绝对反应速度等多个方向进行推导[195]。采用反应速度理论进行 Langmuir 等温吸附式推导时，可得 Langmuir 等温吸附式中参数 b 的热力学含义：

$$b = k\ e^{\left(-\frac{E_d}{RT}\right)} \tag{7-10}$$

其中，k 为比例常数，E_d 为脱附活化能。

在基于过程的等温吸附式推导过程中，将 Langmuir 等温吸附式视为 BET 等温吸附式的一种特例，因此在建立的等温吸附式中并未涉及参数 b 的相关计算。而在基于模型的等温吸附式中，参数 $B = b$，因此可通过参数 B 的值来计算吸附热相关参数的大小。结合式(7-10)可得

$$E_d = -RT \ln\left(\frac{B}{k}\right) \tag{7-11}$$

根据基于模型的等温吸附式中参数 B 的实际值，将 k 值设定为 1.3 进行计算。则可得所有样品的脱附活化能值 E_d。根据反应速度理论，脱附活化能 E_d 是吸附活化能和吸附能之和，因此，E_d 的值越大，反应吸附相互作用越大，吸附能力越强[196]。由计算结果可见，样品的最大脱附活化能为 1199.26kJ/mol，最小脱附活化能为 33.90 kJ/mol，脱附活化能范围过大(图 7-9)，已跨度物理吸附和化学吸附两种吸附方式所对应的吸附能量的大小，计算结果误差较大。

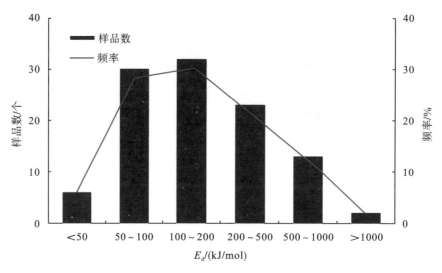

图 7-9　脱附活化能计算结果分布

2. 计算 BET 等温吸附式中参数 c 评价吸附能

气体在固体表面吸附的吸附热为从一种平衡状态到另一种平衡状态时，单位质量吸附剂上吸附 1mol 吸附质所放出的热量，它反映吸附过程中分子之间的相互作用力强弱。

由于页岩孔隙内表面性质不均匀，在其表面存在很多吸附中心，各吸附中心与吸附质分子的结合能力有所差异，因此计算出的吸附热应是页岩样品孔隙内表面表现出的平均值。

1）基于过程的等温吸附式计算吸附热参数 c

在基于过程的等温吸附式中，由参数 B 的物理化学含义可知，与吸附热相关的参数 c 的表达式为

$$c = 1 - \frac{B}{{P_0}^N} \tag{7-12}$$

结合 BET 理论推导中参数 c 的表达式：

$$c = \frac{a_1}{b_1 \, \mathrm{e}^{\left(\frac{E_1 - E_L}{RT}\right)}} \tag{7-13}$$

从参数 c 的表达式来看，其中 a_1、b_1 为比例常数，与吸附热相关量为 E_1、E_L。E_1 为第一层吸附质分子与吸附剂之间的吸附热，由于在 BET 理论中假设第一层吸附质分子与吸附剂之间的作用力最强，远大于其后的吸附质分子之间的作用力，因此将其后的吸附质分子之间的吸附热令为 E_L。则 $E_1 - E_L$ 代表了第一层吸附质分子与吸附剂之间的吸附热与吸附质分子之间吸附热的差值。由于 $E_L \ll E_1$，因此反映了页岩与第一层吸附质分子之间吸附热的大小。

将式（7-12）与式（7-13）相结合，得

$$E_1 = RT \ln \frac{a_1 \, P_0^N}{b_1 (P_0^N - B)} = RT \ln \frac{a_1}{b_1} + RT \ln \frac{P_0^N}{P_0^N - B} \tag{7-14}$$

由于 a_1、b_1 是常数，则令 $RT \ln \dfrac{a_1}{b_1} = k$，则 $E_1 = k + RT \ln \dfrac{P_0^N}{P_0^N - B}$。

根据计算公式，对全部 106 个样品的吸附热 E_1 进行计算。依据物理吸附的吸附热的

一般取值范围，假定 $k=50$kJ/mol，则全部样品的吸附热计算结果如图 7-10 所示。由图中可见，样品的吸附热分布较为集中，大多在 35~50kJ/mol。吸附热最大值为 49.72kJ/mol，最小值为 13.88kJ/mol，说明样品之间的吸附能力也有所差别，吸附热越大，吸附能力越强，反之吸附能力越弱。

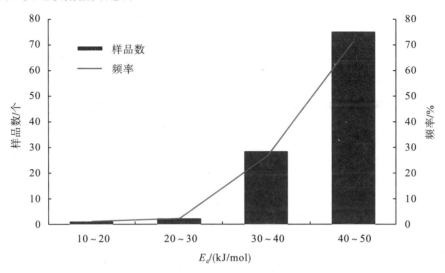

图 7-10 基于过程等温吸附式吸附热计算结果分布

2）基于模型的等温吸附式计算吸附热参数 c

同理，对基于模型的等温吸附式而言，参数 E 则代表了吸附热参数 c，因此吸附热 E_1 的表达式为

$$E_1 = RT \ln \frac{a_1}{E\,b_1} = RT \ln \frac{a_1}{b_1} + RT \ln \frac{1}{E} \tag{7-15}$$

同样假定 $k=50$kJ/mol，对 106 个样品的吸附热参数大小进行计算，计算结果如图 7-11 所示。从图 7-11 可见，基于模型的等温吸附式计算吸附热参数的结果较基于过程的吸附式更为集中，吸附热数值均分布在 48.55~49.80kJ/mol。表明各页岩样品的吸附能力较接近。

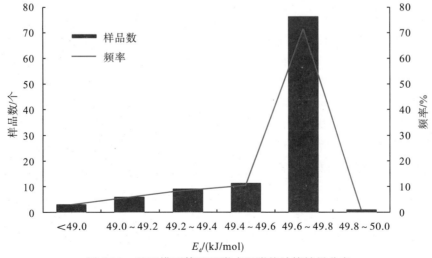

图 7-11 基于模型等温吸附式吸附热计算结果分布

对比两种等温吸附式对吸附热的计算结果可见，两组计算结果较为接近，吸附热均在 50 kJ/mol 左右。但从体现样品吸附热差异性的角度分析，应是基于过程的等温吸附式对吸附热的计算结果较好。而基于模型的等温吸附式计算结果过于相似，难以从吸附热角度区分不同样品吸附能力的差异性。

同时，对比两种等温吸附式可知，以 Langmuir 理论为基础的吸附能量计算结果误差较大，以 BET 理论为基础的吸附能量计算误差较小。分析认为是 Langmuir 等温吸附式描述的是发生单层吸附的情况，体系的能量变化较为简单，相对而言，BET 理论描述的是多层吸附的情况，且不同吸附层之间的吸附热有一定的差异，较 Langmuir 等温吸附式而言更接近实际吸附体系，因此以 BET 等温吸附式中反映吸附热大小的参数 c 为基础进行的吸附热计算较为可靠。

7.3.2　表面张力及润湿角计算

表面张力是液体表面的基本特性之一，典型的表征表面张力存在的演示实验为肥皂膜实验：在一用金属丝围成的圆环中，系一直径略大于圆环直径的细线，将圆环浸入肥皂水中后取出，金属环中形成肥皂膜且细线成自由弯曲的状态，弯曲的细线将肥皂膜分为两部分(图 7-12(a))。若将其中一侧的肥皂膜划破，则原本松弛的细线紧绷并向有肥皂膜的一侧弯曲(图 7-12(b))。这种现象产生的原因是表面张力的存在。

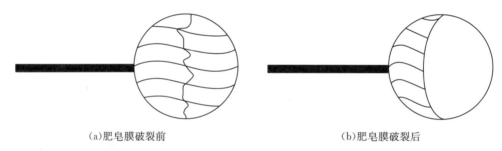

(a)肥皂膜破裂前　　　　　　　　　　　　　(b)肥皂膜破裂后

图 7-12　肥皂膜实验证实表面张力存在

从油层物理上来讲，表面张力为刚刚形成 1cm³ 表面所带有的功[197]。而应用到吸附过程中由于毛细凝聚形成的弯月液面上来看，由于表面张力的存在，在弯月液面上存在着沿液面切线方向的作用力，这种作用力的存在使得犹如在液面表面上存在一层紧绷的薄膜，膜上存在着收缩张力。从性质上来看，表面张力是系统的热力学性质，其本质是由于界面上质点受力不均而产生的[198]。

在低温液氮页岩等温吸附过程中，当发生毛细凝聚形成凝聚液后，凝聚液相与气相间界面上存在表面张力。位于液相中心的分子受力均匀，各相作用力间达到平衡；而位于气−液界面上的分子受力不均衡，因此形成指向液相内部的作用力，即为液相表面张力(图 7-13)。

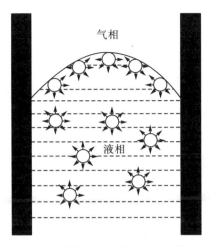

图 7-13　毛细凝聚液表面分子受力不均示意图

表面张力的大小与相本质、界面性质及温度、压力条件等有关，而页岩孔隙的大小会引起气－液界面的显著变化，因此，评价吸附过程中表面张力的大小，对于评价氮气在不同孔隙内的吸附性质具有一定意义。

此外，单从发生毛细凝聚的空间来看，单独讨论毛细凝聚性质时，将已形成的多层吸附层与页岩看作一个体系，则关于毛细凝聚的研究就简化为了标准的固－液－气三相界面性质研究。在 Kelvin 方程中，除了表面张力以外，还有一个与表面性质相关的参数，即为润湿接触角 θ（图 7-14）。

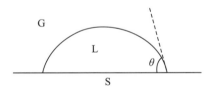

图 7-14　润湿接触角示意图

润湿接触角具体是指，将液滴放在一理想平面上，此时在三相界面上气－液界面与固－液界面形成的夹角。在固体表面均匀、平滑、不变形的理想条件下，与液体的饱和蒸汽压成平衡时的固－液表面张力（γ_{SL}），气－液表面张力（γ_{GL}）及气－固表面张力（γ_{GS}）达到平衡时，满足 Young 方程[199]：

$$\gamma_{GS} = \gamma_{SL} - \gamma_{GL}\cos\theta$$

润湿接触角的大小代表了组成界面的两相润湿能力的大小。一般来讲，当 $\theta < 30°$ 时，表明两相之间润湿；当 $30° \leqslant \theta \leqslant 90°$ 时，表明两相部分润湿；当 $\theta > 90°$ 时，表明两相之间不润湿。因此，通过对润湿接触角大小的计算，也可以评价体系的性能。

在基于模型的等温吸附式建立过程中，选用了包含表面张力和和润湿接触角的 Kelvin 方程。因此，可以通过基于模型的等温吸附式中的参数进行表面张力及润湿接触角相关的评价。

根据基于模型的等温吸附式中参数 C 的物理化学含义可得

$$\sigma\cos\theta = \frac{C\,t_{\mathrm{m}}RT}{2\,V_{\mathrm{M}}} \tag{7-16}$$

计算所有样品的 $\sigma\cos\theta$ 值可见，样品最大 $\sigma\cos\theta$ 值可达 737.57N/m，而最小值则接近于 0N/m，体现出了很大的差异性（如图 7-15）。

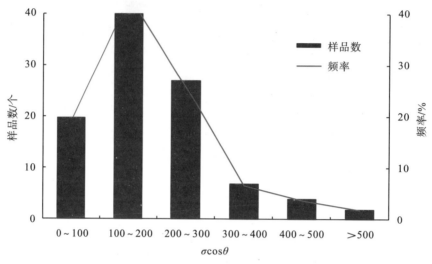

图 7-15　界面参数计算结果分布

而从界面的性质来看，表面张力和润湿接触角的大小表征了吸附性能的强弱。由于在毛细管相关研究中，当达到平衡状态时，毛管压力的计算方法为[197]

$$P_{\mathrm{c}} = \frac{2\sigma\cos\theta}{r} \tag{7-17}$$

通过对毛细管压力方程的分析，对于半径相同的孔隙，$\sigma\cos\theta$ 越大，毛细管压力越大。而在吸附过程中，吸附质先附着在较小的孔隙中，随着压力的增加，吸附质逐渐填充半径较大的孔，直至发生毛细凝聚，将整个孔隙空间重填。因此可见，发生吸附时，半径越小的孔隙中越易发生吸附，故对吸附而言，毛细管压力应为动力，毛细管压力越大，吸附作用越强。因此，在页岩等温吸附中，$\sigma\cos\theta$ 越大，表明样品内发生的吸附作用越强烈。由此可见，界面性质会显著影响吸附量，因此在运用低温液氮等温吸附数据进行页岩孔隙结构特征相关评价时，需校正由于界面性质不同造成的吸附量差异。

参考文献

［1］近藤精一，石川达雄，安部郁夫.吸附科学［M］.李国希，译.北京：化学工业出版社，2005：6.

［2］黄盘铭.土壤化学［M］.北京：科学出版社，1991：160.

［3］近藤精一，石川达雄，安部郁夫.吸附科学［M］.李国希，译.北京：化学工业出版社，2005：26.

［4］近藤精一，石川达雄，安部郁夫.吸附科学［M］.李国希，译.北京：化学工业出版社，2005：21.

［5］陈永.多孔材料制备与表征［M］.合肥：中国科技大学出版社，2010：1-2.

［6］顾惕人.表面化学［M］.北京：科学出版社，1994：235.

［7］Curtis J B. Fractured shale-gas systems［J］. AAPG bulletin，2002，86(11)：1921-1938.

［8］阎存章.中国页岩气地质研究进展［M］.北京：石油工业出版社，2011，2：6-7.

［9］阎存章.中国页岩气地质研究进展［M］.北京：石油工业出版社，2011，4：106-110.

［10］Pollastro R M，Jarvie D M，Hill R J，et al. Geologic framework of the Mississippian Barnett Shale，Barnett-Paleozoic total petroleum system，Bend archFort Worth Basin，Texas［J］. AAPG bulletin，2007，91(4)：405-436.

［11］Martineau D F. History of the newark east field and the barnett shale as a gas reservoir［J］. AAPG bulletin，2007，91(4)：399-403.

［12］阎存章.中国页岩气地质研究进展［M］.北京：石油工业出版社，2011，2：33-35.

［13］阎存章.中国页岩气地质研究进展［M］.北京：石油工业出版社，2011，2：69-71.

［14］Boyer C，Kieschnick J，Suarez-Rivera R，et al. Producing gas from its source［J］. Oilfield Review，2006，18(3)：36-49.

［15］Ross D J K，Bustin R M. The importance of shale composition and pore structure upon gas storage potential of shale gas reservoirs［J］. Marine and Petroleum Geology，2009，26(6)：916-927.

［16］Ancell K L，Price H S，Ford W K. An investigation of the gas producing and storage mechanism of the Devonian shale at Cottageville field［C］//Symposium on Low Permeability Gas Reservoirs. Society of Petroleum Engineers，1979.

［17］Lu X C，Li F C，Watson A T. Adsorption studies of natural gas storage in Devonian Shales［J］. SPE Formation Evaluation，1995，10(2)：109-113.

［18］吉利明，邱军利，张同伟，等.泥页岩主要黏土矿物组分甲烷吸附实验［J］.地球科学：中国地质大学学报，2012，37(5)：1043-1050.

［19］Oades J M. Associations of colloidal materials in soils［C］//XIII. Proceedings of the Congress of the International Society of Soil Science. 1986，6：660-674.

［20］陈涛，王河锦.天津蓟县长城系串岭沟组伊利石微结构特征［J］.中国科学：D辑，2007，37(7)：894-899.

［21］吉利明，邱军利，夏燕青，等.常见黏土矿物电镜扫描微孔隙特征与甲烷吸附性［J］.石油学报，2012，2：249-256.

［22］Burggraaf A J. Single gas permeation of thin zeolite(MFI)membranes：theory and analysis of experimental observations［J］. Journal of membrane science，1999，155(1)：45-65.

［23］Bustin R M，Clarkson C R. Geological controls on coalbed methane reservoir capacity and gas content［J］. International Journal of Coal Geology，1998，38(1)：3-26.

［24］Laxminarayana C，Crosdale P J. Role of coal type and rank on methane sorption characteristics of Bowen Basin，Australia coals［J］. International Journal of Coal Geology，1999，40(4)：309-325.

［25］Zhang T. Effect of organic matter properties，clay mineral type and thermal maturity on gas adsorption in organic-rich shale systems［C］. Unconventional Resources Technology Conference(URTEC)，2013.

［26］Zhang T，Ellis G S，Ruppel S C，et al. Effect of organic-matter type and thermal maturity on methane adsorption in shale-gas systems[J]. Organic Geochemistry, 2012, 47: 120-131.

[27] Clarkson C R, Bustin R M. Variation in micropore capacity and size distribution with composition in bituminous coal of the Western Canadian Sedimentary Basin: Implications for coalbed methane potential[J]. Fuel, 1996, 75 (13): 1483-1498.

[28] 郭为, 熊伟, 高树生, 等. 温度对页岩等温吸附/解吸特征影响[J]. 石油勘探与开发, 2013, 4: 481-485.

[29] 梁彬, 姜汉桥, 李俊键, 等. 考虑多因素的页岩气吸附能力计算模型[J]. 特种油气藏, 2015, 1: 121-123+157.

[30] 李武广, 杨胜来, 徐晶, 等. 考虑地层温度和压力的页岩吸附气含量计算新模型[J]. 天然气地球科学, 2012, 4: 791-796.

[31] 邢翔, 胡望水, 吉林, 等. 基于等温吸附实验的页岩吸附气含量计算新方法[J]. 科学技术与工程, 2013, 16: 4659-4662.

[32] GB/T 21650.2—2008. 压汞法和气体吸附法测定固体材料孔径分布和孔隙度第 2 部分: 气体吸附法分析介孔和大孔.

[33] 近藤精一, 石川达雄, 安部郁夫. 吸附科学[M]. 李国希, 译. 北京: 化学工业出版社, 2005: 40-43.

[34] Myers D. 表面、界面和胶体-原理及应用[M]. 第二版. 吴大诚, 等译. 北京: 化学工业出版社, 2004: 151-152.

[35] Sing K S W. Surface Area Determination[C] //Everett D H, Ottewill R H. Butter-worth, 1970: 25.

[36] 近藤精一, 石川达雄, 安部郁夫. 吸附科学[M]. 李国希, 译. 北京: 化学工业出版社, 2005: 60-61.

[37] 近藤精一, 石川达雄, 安部郁夫. 吸附科学[M]. 李国希, 译. 北京: 化学工业出版社, 2005: 57-59.

[38] 陈永. 多孔材料制备与表征[M]. 合肥: 中国科学技术大学出版社, 2010, 1: 38.

[39] 陈永. 多孔材料制备与表征[M]. 合肥: 中国科学技术大学出版社, 2010, 1: 34-37.

[40] Halsey G. Physical adsorption on non-uniform surfaces[J]. The Journal of Chemical Physics, 1948, 16(10): 931.

[41] Barrett E P, Joyner L G, Halenda P P. The determination of pore volume and area distributions in porous sub-stances. I. Computations from nitrogen isotherms[J]. Journal of the American Chemical society, 1951, 73 (1): 373.

[42] Saidian M, Godinez L J, Prasad M. effect of clay and organic matter on nitrogen adsorption specific surface area and cation exchange capacity in shales(mudrocks)[C] //SPWLA 56th Annual Logging Symposium. Society of Petrophysicists and Well-Log Analysts, 2015.

[43] Brunauer S, Deming L S, Deming W E, et al. On a theory of the van der Waals adsorption of gases[J]. Journal of the American Chemical society, 1940, 62(7): 1723-1732.

[44] Langmuir I. The adsorption of gases on plane surfaces of glass, mica and platinum[J]. Journal of the American Chemical society, 1918, 40(9): 1361-1403.

[45] Brunauer S, Emmett P H, Teller E. Adsorption of gases in multimolecular layers[J]. Journal of the American chemical society, 1938, 60(2): 309.

[46] Gregg S J, Sing K S. Adsorption, Surface Area and Porosity[M]. NEW YORK: Academic Press, 1982, 4.

[47] Gregg S J, Jacobs J. An examination of the adsorption theory of Brunauer, Emmett, and Teller, and Brunauer, Deming, Deming and Teller[J]. Transactions of the Faraday Society, 1948, 44: 574-588.

[48] Pierce C, Smith R N. The adsorption-desorption hysteresis in relation to capillarity of adsorbents[J]. The Journal of Physical Chemistry, 1950, 54(6): 784-794.

[49] Kipling J J, Wilson R B. Adsorptive properties of polymer carbons[J]. Transactions of the Faraday Society, 1960, 56: 562-569.

[50] Frost R R. Evaluation of surface areas from chromatographic and gravimetric adsorption data[J]. Robort Rex Frost, 1968.

[51] Sing K S W. Reporting physisorption data for gas/solid systems with special reference to the determination of sur-face area and porosity(Recommendations 1984)[J]. Pure and applied chemistry, 1985, 57(4): 603-619.

[52] Banares-Munoz M A, Sanchez Escribano V. Adsorption isotherms of nitrogen at 77 and 87 K and n-butane at 236, 253, and 273 K onto tungsten disulfide[J]. Langmuir, 1991, 7(8): 1779-1783.

[53] Maroto-Valer M M, Schobert H H. Carbonaceous combustion waste as precursor for activated carbons[C] //24th Biennial Conf. on Carbon. 1999: 588-589.

[54] Chaiyan C, Virote B. Production of activated carbon from coffee residue for adsorption of large molecule[C]. The 2nd Asian Particle Technology Symposium(APT 2003), December 17-19, Penang, Malaysia, 2003, 543-548.

[55] Yuan P, Yin X, He H, et al. Investigation on the delaminated-pillared structure of TiO 2-PILC synthesized by TiCl 4 hydrolysis method[J]. Microporous and mesoporous materials, 2006, 93(1): 240-247.

[56] Carmody O, Frost R, Xi Y, et al. Surface characterisation of selected sorbent materials for common hydrocarbon fuels[J]. Surface Science, 2007, 601(9): 2066-2076.

[57] Safaei M, Rashidzadeh M, Sarraf-Mamoory R, et al. Synthesis and characterisation of one-dimensional titanate nanostructures via an alkaline hydrothermal method of a low surface area tio 2-anatase[J]. Journal of Ceramic Processing Research, 2010, 11(2): 277-280. .

[58] J H de Boer. The structure and properties of porous materials[J] //Everett D H, Stone F S. Colston Papers, 1958, 10, 90.

[59] Mikhail R S, Copeland L E, Brunauer S. Pore structures and surface areas of hardened Portland cement pastes by nitrogen adsorption[J]. Canadian Journal of Chemistry, 1964, 42(2): 426-438.

[60] Crosby S A, Glasson D R, Cuttler A H, et al. Surface areas and porosities of iron(III)-and iron(II)-derived oxyhydroxides[J]. Environmental science & technology, 1983, 17(12): 709-713.

[61] Ball P C, Evans R. Temperature dependence of gas adsorption on a mesoporous solid: capillary criticality and hysteresis[J]. Langmuir, 1989, 5(3): 714-723.

[62] Mercera P D L, Van Ommen J G, Doesburg E B M, et al. Zirconia as a support for catalysts: evolution of the texture and structure on calcination in air[J]. Applied catalysis, 1990, 57(1): 127-148.

[63] Fan C, Do D D, Nicholson D. Condensation and evaporation in capillaries with nonuniform cross sections[J]. Industrial & Engineering Chemistry Research, 2013, 52(39): 14304-14314.

[64] Ulibarri M A, Cornejo J, Hernandez M J. Effects of hydrothermal treatment on textural properties of [Al$_2$ Li (OH)$_6$]$_2$CO$_3$ • nH$_2$O[J]. Journal of materials science, 1987, 22(4): 1168-1172.

[65] Burgess C G V, Everett D H, Nuttall S. Adsorption hysteresis in porous materials[J]. Pure and Applied chemistry, 1989, 61(11): 1845-1852.

[66] Efremov D K, Fenelonov V B. Adsorption-desorption hysteresis in porous networks[J]. Reaction Kinetics and Catalysis Letters, 1989, 40(1): 177-183.

[67] Jiang J, Sandler S I, Smit B. Capillary phase transitions of n-alkanes in a carbon nanotube[J]. Nano Letters, 2004, 4(2): 241-244.

[68] Thommes M. Physical adsorption characterization of nanoporous materials[J]. Chemie Ingenieur Technik, 2010, 82(7): 1059-1073.

[69] Ono S, Kondo S. Encyclopedia of physics[M]. Berlin: Springer-Verlag, 1960, 10: 134.

[70] Donohue M D, Aranovich G L. A new classification of isotherms for Gibbs adsorption of gases on solids[J]. Fluid Phase Equilibria, 1999, 158: 557-563.

[71] Zsigmondy R. Über die Struktur des Gels der Kieselsäure. Theorie der Entwässerung[J]. Zeitschrift für anorganische Chemie, 1911, 71(1): 356-377.

[72] Kraemer E O A. Treatise of physical chemistry[M]. New York: Macmillan, 1931: 1661.

[73] McBain J W. An explanation of hysteresis in the hydration and dehydration of gels[J]. Journal of the American Chemical Society, 1935, 57(4): 699-700.

[74] 近藤精一, 石川达雄, 安部郁夫. 吸附科学[M]. 李国希, 译. 北京: 化学工业出版社, 2005: 68.

[75] Foster A G. The application of the capillary theory[J]. Trans. Faraday Sci, 1932, 28: 645.

[76] Cohan L H. Hysteresis and the Capillary Theory of Adsorption of Vapors1[J]. Journal of the American Chemical Society, 1944, 66(1): 98-105.

[77] Henry W. Experiments on the quantity of gases absorbed by water, at different temperatures, and under different pressures[J]. Philosophical Transactions of the Royal Society of London, 1803, 93: 29-42, 274-276.

[78] Freundlich H M F. Over the adsorption in solution[J]. J. Phys. Chem, 1906, 57A: 385-471.

[79] Polanyi M. The potential theory of adsorption[J]. Science, 1963, 141: 1010-1013.

[80] Langmuir I. The constitution and fundamental properties of solids and liquids. Part I[J]. Journal of the American Chemical Society, 1916, 38(11): 2221-2295.

[81] Langmuir I. The constitution and fundamental properties of solids and liquids[J]. Journal of the American Chemical Society, 1917, 184: 1848-1906.

[82] De Boer J H, Zwikker C. Adsorption als folge von polarisation[J]. Die Adsorption aiasotherm. Phy. Chem. 1929, B3: 702-709.

[83] Butler J A V, Ockrent C. Studies in electrocapillary Part Ⅲ: the surface tension of solution containing two surface-active solutes[J]. J. Phys. Chem, 1930, 34: 2841-2859.

[84] Brunauer S, Emmett P H, Teller E. Adsorption of gases in multimolecular layers[J]. J. Am. Chem. Soc, 1938, 60: 309-319.

[85] 近藤精一, 石川达雄, 安部郁夫. 吸附科学[M]. 李国希, 译. 北京: 化学工业出版社, 2005: 44.

[86] Harkins W D, Jura E J. The decrease of free surface energy as a basis for the development of equations for adsorption isotherms; and the existence of two condensed phases in films on solids[J]. The Journal of Chemical Physics, 1944, 12(3): 112-113.

[87] Hill T L. Theory of multimolecular adsorption from a mixture of gases[J]. The Journal of Chemical Physics, 1946, 14: 268.

[88] Tempkin M I, Pyzhev V. Kinetics of ammonia synthesis on promoted iron catalyst[J]. Acta Phys. Chim. USSR, 1940, 12(1): 327.

[89] Dubinin M M, Radushkevich L V. The equation of the characteristic curve of activated charcoal[J]. Proc. Acad. Sci. USSR, 1947, 55: 331-337.

[90] Dubinin M M, Astakhov V A. Molecular sieve zeolites-ii-description of adsorption equilibria of vapors on zeolites over wide range of temperature and pressure[M]. Washington D. C. : Amer Chemical Society, 1971: 69-85.

[91] Kaganer M G. Isotherm joule effect and the equation of state of gases with nonpolar melecules[J]. Russ. J. Phys. Chem, 1959, 30(2): 691-704.

[92] Avnir D, Jaroniec M. An isotherm equation for adsorption on fractal surfaces of heterogeneous porous materials [J]. Langmuir, 1989, 5: 1431-1433.

[93] Sakurovs R, Day S, Weir S, et al. Application of a modified dubinin-radushkevich equation to adsorption of gases by coals under supercritical conditions[J]. Energy& Fuels, 2007, 21: 992-997.

[94] Hill T L. Theory of multimolecular adsorption from a mixture of gases[J]. The Journal of Chemical Physics, 1946, 14: 268.

[95] Bussey B. Multicomponent gas adsorption of ideal mixtures[J]. Industrial & Engineering Chemistry Fundamentals, 1966, 5(1): 103-106.

[96] 顾惕人. 不同的 BET 型混合气体吸附公式的应用和比较[J]. 化工学报, 1984, 1: 80-84.

[97] 顾惕人. BET 多分子层吸附理论在混合气体吸附中的推广[J]. 化学通报, 1984, 9: 1-7.

[98] Ruthven D M. Principles of Adsorption and Adsorption Processes[M]. New York: A wiley-interscience publication, 1984, 7: 50, 56.

[99] Yao Chuncai. Extended and improved langmuir equation for correlating adsorption equilibrium data[J]. Sep. Purif. Tech, 2000, 19: 237-242.

[100] Hill A V. The possible effects of the aggregation of the molecules of haemoglobin on its dissociation curve[J]. J. Physiol, 1910, 40: iv-vii.

[101] Flory P J. Thermodynamics of high polymer solutions[J]. The Journal of chemical physics, 1942, 10: 51-61.

[102] Huggins M L. Solution of long chain compounds[J]. The Journal of chemical physics，1941，9：440.

[103] Sips R. On the structure of a catalyst surface[J]. The Journal of chemical physics，1948，16：490-495.

[104] Redlich O，Peterson D L. A useful adsorption isotherm[J]. Journal of Physical Chemistry，1959，63(6)：1024.

[105] Toth J. State equations of the solid gas interface layer[J]. Acta Chim Acad Sci Hungar，1971，69：311-317.

[106] 孙玮，刘树根，冉波，等.四川盆地及周缘地区牛蹄塘组页岩气概况及前景评价[J].成都理工大学学报(自然科学版)，2012，2：170-175.

[107] 吴陈君，张明峰，孙丽娜，等.渝东南地区寒武系牛蹄塘组页岩气成因探讨[J].天然气地球科学，2015，8：1481-1487.

[108] 胡明毅，胡忠贵，魏国齐，等.四川盆地茅口组层序岩相古地理特征及储集层预测[J].石油勘探与开发，2012，1：45-55.

[109] 周庆华，宋宁，王成章，等.湖南常德地区牛蹄塘组页岩特征及含气性[J].天然气地球科学，2015，2：301-311.

[110] 张琳婷，郭建华，焦鹏，等.湘西北地区牛蹄塘组页岩气有利地质条件及成藏区带优选[J].中南大学学报(自然科学版)，2015，5：1715-1722.

[111] 焦伟伟，岳锋，程礼军，等.渝东南地区下寒武统牛蹄塘组页岩孔隙体系特征[J].天然气地球科学，2015，8：1587-1595.

[112] 朱彤，包书景，王烽.四川盆地陆相页岩气形成条件及勘探开发前景[J].天然气工业，2012，9：16-21＋126-127.

[113] 陈文玲，周文，邓虎成，等.四川盆地须家河组泥(页)岩储层孔隙特征[J].成都理工大学学报(自然科学版)，2013，5：554-561.

[114] 叶军，曾华盛.川西须家河组泥页岩气成藏条件与勘探潜力[J].天然气工业，2008，12：18-25＋135.

[115] 刘惟庆，吴伟，杨登银，等.川西坳陷上三叠统须家河组页岩纳米孔隙结构特征[J].科学技术与工程，2014，21：11-17.

[116] 李旭兵，陈绵琨，刘安，等.雪峰山西侧埃迪卡拉系陡山沱组页岩气成藏体系评价[J].石油实验地质，2014，2：188-193.

[117] 徐祖新，韩淑敏，王启超.中扬子地区陡山沱组页岩储层中黄铁矿特征及其油气意义[J].岩性油气藏，2015，2：31-37.

[118] 张旋.鄂西地区及其邻区下震旦统陡山沱组黑色页岩特征研究[D].成都：成都理工大学，2013.

[119] 刘国恒，黄志龙，姜振学，等.鄂尔多斯盆地延长组湖相页岩纹层发育特征及储集意义[J].天然气地球科学，2015，3：408-417.

[120] 刘岩，周文，邓虎成.鄂尔多斯盆地上三叠统延长组含气页岩地质特征及资源评价[J].地质勘探，2013，3：19-23.

[121] 孙建博，张丽霞，姜呈馥，等.鄂尔多斯盆地东南部延长组长7页岩气储层特征研究[J].油气藏评价与开发，2014，5：70-75.

[122] 耳闯，赵靖舟，白玉彬，等.鄂尔多斯盆地三叠系延长组富有机质泥页岩储层特征[J].石油与天然气地质，2013，5：708-716.

[123] 曾维特，张金川，丁文龙，等.延长组页岩储层纳米级孔隙特征及影响因素——以鄂尔多斯盆地柳坪171井为例[J].煤炭学报，2014，6：1118-1126.

[124] 邓昆，周文，邓虎成，等.鄂尔多斯盆地平凉组页岩气富集地质条件[J].成都理工大学学报(自然科学版)，2013，5：595-602.

[125] 肖晖，赵靖舟，王大兴，等.鄂尔多斯盆地奥陶系原生天然气地球化学特征及其对靖边气田气源的意义[J].石油与天然气地质，2013，5：601-609.

[126] 张月巧，郭彦如，侯伟，等.鄂尔多斯盆地西南缘中上奥陶统烃源岩特征及勘探潜力[J].天然气地球科学，2013，5：894-904.

[127] 刘宝宪，闫小雄，白海峰，等.鄂尔多斯盆地南缘中奥陶统平凉组成藏条件分析[J].天然气地球科学，2008，

5：657-661.

[128] 刘圣鑫，钟建华，马寅生，等. 页岩中气体的超临界等温吸附研究[J]. 煤田地质与勘探，2015，3：45-50.

[129] Bowker K A. Barnett shale gas production, fort worth basin: issues and discussion[J]. AAPG, 2007, 91 (4)：523-533.

[130] 康玉柱. 中国非常规泥页岩油气藏特征及勘探前景展望[J]. 天然气工业，2012，4：1-5+117.

[131] Shaw D B, Weaver C E. The mineralogical composition of shales [J]. J. Sedimentary Petrology, 1965, 35：213-222.

[132] Jarvie D M, Hill R J, Ruble T E, et al. Unconventional shale-gas systems: The mississippian Barnett Shale of north-central Texas as one model for thermogenic shale-gas assessment[J]. AAPG Bulletin, 2007, 91：475-499.

[133] Montgomery S L, Jarvie D M, Bowker K A, et al. Mississippian Barnett Shale, Fort Worth Basin, north-central Texas: gas-shale play with multi-trillion cubic foot potential: Reply [J]. AAPG Bulletin, 2006, 90 (6)：967-969.

[134] 李新景，吕宗刚，董大忠，等. 北美页岩气资源形成的地质条件[J]. 天然气工业，2009，05：27-32+135-136.

[135] 刘洪，陈乔，王森，等. 渝东南下志留统龙马溪组页岩矿物成分及脆性特征实验研究[J]. 科学技术与工程，2013，29：8567-8571.

[136] Guo Tonglou. Evaluation of highly thermally mature shale-gas reservoirs in complex structural parts of the Sichuan Basin[J]. Journal of Earth Science, 2013, 24(6)：863-873.

[137] Loucks R G, Stephen C R. Mississippian Barnett Shale: Lithofacies and depositional setting of a deep-water shale-gas succession in the Fort Worth Basin, Texas[J]. AAPG Bulletin, 2007, 91：579-601.

[138] 于炳松. 页岩气储层孔隙分类与表征[J]. 地学前缘，2013，20(4)：211-220.

[139] 许长春. 国内页岩气地质理论研究进展[J]. 特种油气藏，2012，1：9-16+135.

[140] 杨峰，宁正福，张世栋，等. 基于氮气吸附实验的页岩孔隙结构表征[J]. 天然气工业，2013，4：135-140.

[141] 钟太贤. 中国南方海相页岩孔隙结构特征[J]. 天然气工业，2012，9：1-4+21+125.

[142] Soeder D J. Porosity and permeability of eastern Devonian gas shale[J]. SPE Formation Evaluation, 1988, 3 (01)：116-124.

[143] 李艳丽. 页岩气储量计算方法探讨[J]. 天然气地球科学，2009，3：466-470.

[144] Ambrose R J, Hartman R C, Diaz Campos M, et al. New pore-scale considerations for shale gas in place calculations[C] //SPE Unconventional Gas Conference. Society of Petroleum Engineers, 2010.

[145] 任建华，蔺景德，张亮，等. 页岩气藏吸附特征及其对产能的影响[J]. 新疆石油地质，2013，4：441-444.

[146] 邹才能，董大忠，杨桦，等. 中国页岩气形成条件及勘探实践[J]. 天然气工业，2011，12，26-39+125.

[147] Sing K S W, Everett D H, Haul W R A, et al. Reporting physisorption data for gas/solid systems with special reference to the determination of surface area and porosity[J]. Pure & Appl. Chem, 1985, 57(4)：603-619.

[148] 陈永. 多孔材料制备与表征[M]. 合肥：中国科技大学出版社，2010，1：4-6.

[149] Thommes M. Physical adsorption characterization of ordered and amorphous mesoporous materials[J]. Nanoporous Materials: Science and Engineering, 2004, 11：317-364.

[150] 近藤精一，石川达雄，安部郁夫. 吸附科学[M]. 李国希，译. 北京：化学工业出版社，2005：40-43.

[151] Chuncai Yao. Extended and improved langmuir equation for correlating adsorption equilibrium data[J]. Sep. Purif. Tech, 2000, 19：237-242.

[152] Jones D C. Some comments on the B. E. T. (Brunauer-Emmett-Teller) adsorption equation[J]. J. Chem. Soc, 1951, 126-130.

[153] Voigt E M, Tomlinson R H. The determination of pore size distribution and surface area from adsorption isotherms Canadian[J]. Journal of Chemistry, 1955, 33(2)：215-231.

[154] Evans R, Marconi U M B. Capillary Condensation and Adsorption in Cylindrical and Slit-like Pores[J]. Journal of Earth Science, 1986, 82：1763-1787.

[155] Iijima S. Helical microtubules of graphitic carbon[J]. Nature, 1991, 354：56-58.

[156] Tuller M, Dudley D O LM. Adsorption and capillary condensation in porous media: Liquid retention and interfacial configurations in angular pores[J]. Water Resources Research, 1999, 35(7): 1949-1964.

[157] Ravikovitch P I, Neimark A V. Density functional theory of adsorption in spherical cavities and pore size characterization of templated nanoporous silicas with cubic and three-dimensional hexagonal structures[J]. Langmuir, 2002, 18(5): 1550-1560.

[158] Bucior K. Capillary condensation of a model binary mixture in slit-like pores[J]. Colloids and Surfaces, 2003 (219): 113-124.

[159] Vishnyakov A, Neimark A V. Monte Carlo simulation test of pore blocking effects[J]. Langmuir, 2003, 19(8): 3240-3247.

[160] Kowalczyk P, Ciach A, Neimark A V. Adsorption-induced deformation of microporous carbons: pore size distribution effect[J]. Langmuir, 2008, 24: 6603-6608.

[161] Yao Wang, Do D D, Nicholson D. Study of heat of adsorption across the capillary condensation in cylindrical pores[J]. Colloids and Surfaces A: Physicochem. Eng. Aspects, 2011(380): 66-78.

[162] Gor G Y, Rasmussen C J, Neimark A V. Capillary condensation hysteresis in overlapping spherical pores: a Monte Carlo simulation study[J]. Langmuir, 2012, 28(33): 12100-12107.

[163] Kutarov V V, Tarasevich Y I, Aksenenko E V, et al. Adsorption equilibrium and hysteresis in open slit-like micropores[J]. Хімія, фізика та технологія поверхні, 2013, 4: 351-357.

[164] Zsigmondy R. Structure of silicic acid gels and theory of dehydration[J]. Z. Anorg. Chem., 1911, 71: 356-377.

[165] Cohan L H. Sorption hysteresis and the vapor pressure of concave surfaces[J]. Journal of the American Chemical Society, 1938, 60(2): 433-435.

[166] Kraemer E O. A treatise on physical chemistryvan nostrand[M]. New York: Macmillan, 1931: 1661.

[167] Broekhoff J C P, Van Beek W P. Scanning studies on capillary condensation and evaporation of nitrogen. Part 2.—Analysis of ascending and descending scanning curves within B-type hysteresis loops[J]. Journal of Earth Science, Faraday Trans. 1, 1979, 75: 42-55.

[168] Nguyen P T M, Do D D, Nicholson D. Simulation study of hysteresis of argon adsorption in a conical pore and a constricted cylindrical pore[J]. Journal of Colloid and Interface Science, 2013, 396: 242-250.

[169] Chunyan Fan, Do D D, Nicholson D. On the hysteresis of argon adsorption in a uniform closed end slit pore[J]. Journal of Colloid and Interface Science, 2013, 405 : 201-210.

[170] Marconi U M B, Van Swol F. Microscopic model for hysteresis and phase equilibria of fluids confined between parallel plates[J]. Journal of Earth Science, Furuduy Trans. 2, 1986, 82,: 1763-1787.

[171] Seaton N A, Walton J P R B, Quirke N. A new analysis method for the determination of the pore size distribution of porous carbons from niatrogen adsorption measurements[J]. Carbon, 1989, 37(6): 853-861.

[172] Davies G M, Seaton N A. The effect of the choice of pore model on the characterization of the internal structure of microporous carbons using pore size distributions[J]. Carbon, 1998, 36(10): 1473-1490.

[173] Ravikovitch P I, Jagiello J, Tolles D, et al. Improved DFT methods for micropore size characterization of activated carbons: role of pore wall heterogeneity[J]. Am. Carbon Soc., 2001.

[174] Ustinov E A, Do D D. Effect of adsorption deformation on thermodynamic characteristics of a fluid in slit pores at sub-critical conditions[J]. Carbon, 2006, 44: 2652-2663.

[175] Terzyk A P, Furmaniak S, Harris P J F, et al. How realistic is the pore size distribution calculated from adsorption isotherms if activated carbon is composed of fullerene-like fragments[J]. Physical Chemistry Chemical Physics, 2007, 9: 5919-5927.

[176] Peng Bo, Yu Yang-Xin. A density functional theory for lennard-jones fluids in cylindrical pores and its applications to adsorption of nitrogen on MCM-41 materials[J]. Langmuir, 2008, 24: 12431-12439.

[177] Kowalczyk P, Jaroniec M, Kaneko K, et al. Improvement of the Derjaguin-Broekhoff-De Boer theory for the capillary condensation/evaporation of nitrogen in spherical cavities and its application for the pore size analysis of

silicas with ordered cagelike mesopores[J]. Langmuir, 2005, 21(23): 10530-10536.

[178] Lucena S M P, Paiva C A S, Silvino P F G, et al. The effect of heterogeneity in the randomly etched graphite model for carbon pore size characterization[J]. Carbon, 2010, 48(9): 2554-2565.

[179] de Oliveira J C A, López R H, Toso J P, et al. On the influence of heterogeneity of graphene sheets in the determination of the pore size distribution of activated carbons[J]. Adsorption, 2011, 17(5): 845-851.

[180] Jagiello J, Olivier J P. 2D-NLDFT adsorption models for carbon slit-shaped pores with surface energetical heterogeneity and geometrical corrugation[J]. Carbon, 2013, 55: 70-80.

[181] Horváth G, Kawazoe K. Method for the calculation of effective pore size distribution in molecular sieve carbon [J]. Journal of Chemical Engineering of Japan, 1983, 16(6): 470-475.

[182] Cheng L S. Improved Horvath—Kawazoe equations including spherical pore models for calculating micropore size distribution[J]. Chemical engineering science, 1994, 49(16): 2599.

[183] Rege S U, Yang R T. Corrected Horváth-Kawazoe equations for pore-size distribution[J]. AIChE Journal, 2000, 46(4): 734-750.

[184] Everett D H, Powl J C. Adsorption in slit-like and cylindrical micropores in the henry's law region. A model for the microporosity of carbons[J]. Journal of the Chemical Society, Faraday Transactions 1: Physical Chemistry in Condensed Phases, 1976, 72: 619-636.

[185] Biba V, Spitzer Z. Effects of pore shape models on the micropore structure analysis[J]. Chem. Zvestí, 1980, 34 (1): 29-46.

[186] Kowalczyk P, Terzyk A P, Gauden P A. Estimation of the pore-size distribution function from the nitrogen adsorption isotherm. Comparison of density functional theory and the method of Do and co-workers[J]. Carbon, 2003, (41): 1113-1125.

[187] Sweatman M B, Quirke N. Gas adsorption in active carbons and the slit-pore model 2: Mixture adsorption prediction with DFT and IAST[J]. The Journal of Physical Chemistry B, 2005, 109(20): 10389-10394.

[188] Ustinov E A, Do D D, Jaroniec M. Modeling nitrogen adsorption in spherical pores of siliceous materials by density functional theory[J]. Journal of chemical theory and computation, 2005, 1(4): 653-661.

[189] Heiberg-Andersen H, Skjeltorp A T. Spectra of conic carbon radicals[J]. Journal of Mathematical Chemistry, 2007, 42(4): 707-727.

[190] Konstantakou M, Gotzias A, Kainourgiakis M, et al. Applications of monte carlo method in science and engineering[M]. InTech, 2011, 26: 653-676.

[191] Joyner L G, Barrett E P, Skold R. The determination of pore volume and area distributions in porous substances. II: comparison between nitrogen isotherm and mercury porosimeter methods[J]. Journal of the American Chemical society, 1951, 73: 3155-3158.

[192] 近藤精一，石川达雄，安部郁夫. 吸附科学[M]. 第二版. 李国希，译. 北京：化学工业出版社，2005：37-40.

[193] 黄志宇等. 表面及胶体化学[M]. 北京：石油工业出版社，2012：32-33.

[194] Selassie D, Davis D, Dahlin J, et al. Atomistic simulations of CO_2 and N_2 diffusion in silica zeolites: the impact of pore size and shape[J]. The Journal of Physical Chemistry C, 2008, 112(42): 16521-16531.

[195] 近藤精一，石川达雄，安部郁夫. 吸附科学[M]. 李国希，译. 北京：化学工业出版社，2005：36.

[196] 陈永. 多孔材料制备与表征[M]. 合肥：中国科技大学出版社，2010：2.

[197] 王允诚等. 油层物理[M]. 成都：四川科学技术出版社，2006：151.

[198] 李世丰，张永光. 表面化学[M]. 长沙：中南工业大学出版社，1991：5.

[199] 崔国文. 表面与界面[M]. 北京：清华大学出版社，1990：95.

附　录

附录 A　基于过程等温吸附式拟合结果汇总表

样品编号	A	B	C	K	M	N	R^2
D1	2.665	−0.759	0.045	84.720	0.349	2.343	0.9997
D2	0.080	−2.562	1.567	0.347	6.781	0.261	0.9990
D3	2.147	−0.909	0.006	0.610	2.814	4.487	0.9980
D4	6.272	−0.930	0.391	5.302	0.258	5.300	0.9974
D5	1.896	−2.893	2.144	0.721	3.432	2.872	0.9959
D6	0.470	−1.499	0.583	0.557	0.727	1.448	0.9994
D7	1.806	−0.831	0.046	0.000	0.389	2.875	0.9997
D8	1.574	−0.784	0.010	2.220	0.395	8.070	0.9997
D9	1.654	−0.699	0.024	0.000	0.321	7.140	0.9969
D10	5.251	−1.111	0.583	7.312	0.146	7.330	0.9920
D11	10.880	−3.974	3.694	0.109	0.591	6.661	0.9978
D12	1.907	−0.439	0.000	3.949	0.312	4.160	0.9994
D13	2.328	−0.781	0.066	8.484	0.288	8.494	0.9980
D14	0.898	−8.218	7.363	5.120	0.379	5.109	0.9993
D15	1.621	−0.737	0.000	0.042	0.403	5.071	0.9980
D16	0.903	−7.993	7.135	4.884	0.338	4.886	0.9989
D17	4.492	−0.794	0.301	8.120	0.254	8.129	0.9992
D18	4.655	−0.647	0.129	0.002	0.253	6.591	0.9989
D19	4.313	−0.484	0.000	0.005	0.290	6.161	0.9994
D20	6.363	−0.539	0.000	0.049	0.295	5.222	0.9980
D21	3.186	−1.066	0.625	2.982	0.296	2.986	0.9988
D22	6.380	−0.664	0.218	0.002	0.340	4.836	0.9981
D23	3.215	−0.400	0.000	0.002	0.336	6.357	0.9979
D24	3.536	−0.604	0.000	0.023	0.236	5.828	0.9991
D25	3.528	−0.498	0.004	0.001	0.282	6.893	0.9988
D26	2.632	−0.524	0.032	0.032	0.318	5.958	0.9960
D27	3.206	−0.538	0.015	0.001	0.297	6.913	0.9975
D28	4.285	−0.639	0.177	0.000	0.302	6.319	0.9987
D29	9.673	−3.710	6.251	0.022	0.500	5.437	0.9994

续表

样品编号	A	B	C	K	M	N	R^2
D30	4.405	−0.570	0.000	0.020	0.309	4.782	0.9980
D31	6.343	−1.932	1.853	0.026	0.274	6.972	0.9960
D32	2.180	−0.607	0.098	3.870	0.229	3.991	0.9953
D33	3.100	−0.944	0.653	4.091	0.205	4.088	0.9981
D34	15.320	−1.464	1.806	0.007	0.246	7.021	0.9962
D35	5.306	−0.995	0.445	6.284	0.248	6.301	0.9953
D36	9.824	−0.518	0.000	0.933	0.230	3.404	0.9971
D37	7.608	−0.556	0.076	6.583	0.229	0.000	0.9957
D38	2.992	−0.723	0.000	9.924	0.328	10.360	0.9959
D39	4.239	−0.714	0.275	7.189	0.224	7.178	0.9978
D40	4.405	−0.570	0.000	0.020	0.309	4.782	0.9980
D41	6.643	−0.859	0.369	4.549	0.227	4.546	0.9943
D42	7.308	−0.586	0.045	5.579	0.275	5.611	0.9984
D43	3.935	−0.488	0.000	0.070	0.315	6.503	0.9980
D44	6.482	−0.454	0.046	0.004	0.263	5.358	0.9989
D45	16.110	−0.814	0.446	0.000	0.283	10.310	0.9949
D46	6.130	−0.595	0.049	0.002	0.289	10.730	0.9946
D47	5.613	−0.442	0.000	0.001	0.274	6.388	0.9977
D48	9.778	−0.562	0.001	0.000	0.267	8.493	0.9947
D49	1.445	−0.850	0.000	0.023	0.531	6.110	0.9988
D50	3.713	−0.688	0.080	3.824	0.327	3.824	0.9996
D51	1.895	−0.712	0.001	0.000	0.665	25.740	0.9837
D52	0.490	−1.455	0.909	0.005	0.655	12.380	0.9964
D53	4.680	−0.441	0.000	1.645	0.325	5.939	0.9985
D54	22.830	−3.335	3.856	0.015	0.330	3.882	0.9993
D55	1.268	−1.070	0.340	0.000	0.445	5.703	0.9989
D56	0.381	−0.892	0.169	0.000	0.653	4.166	0.9990
D57	2.675	−0.953	0.497	0.000	0.729	4.403	0.9998
D58	0.990	−0.748	0.031	0.000	0.822	13.720	0.9979
D59	2.128	−0.878	0.462	0.000	0.981	11.860	0.9982
D60	3.489	−1.003	0.507	6.242	0.579	6.251	0.9967
D61	8.071	−1.349	1.298	0.000	0.365	7.439	0.9982
D62	8.179	−1.302	1.462	0.000	0.363	5.444	0.9986
D63	0.251	−1.110	0.263	0.000	0.662	6.454	0.9989
D64	0.427	−1.705	0.995	0.014	0.815	6.720	0.9989
D65	0.554	−4.675	5.392	0.000	0.889	10.320	0.9932

续表

样品编号	A	B	C	K	M	N	R^2
D66	3.190	−0.543	0.000	0.010	0.360	7.176	0.9978
D67	5.474	−1.500	1.189	0.021	0.462	3.870	0.9981
D68	3.069	−0.867	0.432	0.000	0.562	5.562	0.9994
D69	2.937	−0.605	0.463	0.000	0.499	4.746	0.9991
D70	5.480	−0.522	0.000	0.725	0.287	5.986	0.9994
D71	4.448	−0.917	0.365	4.271	0.254	4.248	0.9951
D72	1.604	−0.849	0.380	0.002	0.857	8.371	0.9993
D73	0.187	−0.743	0.000	0.097	0.874	8.831	0.9922
D74	18.740	−3.844	5.714	0.004	0.398	6.099	0.9974
D75	3.362	−0.735	0.217	0.001	0.403	5.430	0.9986
D76	2.696	−0.629	0.000	0.001	0.526	6.255	0.9988
D77	1.418	−1.126	0.677	0.000	0.827	5.081	0.9981
D78	1.043	−1.010	0.473	0.001	0.632	13.970	0.9959
D79	2.374	−0.683	0.426	0.002	0.425	5.471	0.9986
D80	0.047	−3.081	2.128	0.993	0.154	2.079	0.9966
D81	4.456	−0.548	0.000	0.314	0.415	5.996	0.9971
D82	0.759	−1.484	0.898	0.006	0.790	6.354	0.9979
D83	4.688	−1.471	1.171	0.000	0.412	5.135	0.9989
D84	0.528	−4.282	4.124	0.000	1.131	14.280	0.9974
D85	0.402	−1.006	0.362	0.010	1.159	10.310	0.9959
D86	0.599	−4.249	3.989	0.000	0.677	9.038	0.9935
D87	0.223	−2.739	1.818	0.259	4.343	1.653	0.9998
D88	0.339	−1.523	0.650	0.000	0.784	9.521	0.9975
D89	0.236	−2.028	1.109	0.868	0.308	1.877	0.9970
D90	7.379	−2.426	2.496	0.002	0.475	6.368	0.9973
D91	2.237	−0.667	0.000	0.001	0.444	5.637	0.9979
D92	2.714	−1.588	0.997	0.000	0.609	7.290	0.9965
D93	6.550	−1.525	1.579	0.006	0.646	9.670	0.9924
D94	0.398	−1.637	0.791	0.000	0.608	5.471	0.9999
D95	10.060	−3.457	4.216	0.013	0.669	6.259	0.9946
D96	3.173	−0.575	0.000	0.044	0.577	5.970	0.9994
D97	1.143	−3.071	2.348	3.133	0.313	3.149	0.9903
D98	1.839	−0.627	0.000	0.245	0.489	6.536	0.9985
D99	0.468	−1.415	0.794	0.007	1.414	16.070	0.9924
D100	0.424	−1.923	1.101	0.000	0.865	8.086	0.9994
D101	3.535	−0.505	0.000	0.075	0.397	7.777	0.9981

续表

样品编号	A	B	C	K	M	N	R^2
D102	0.162	−1.149	0.267	0.000	0.558	9.827	0.9995
D103	15.420	−3.351	4.592	0.001	0.374	6.049	0.9982
D104	0.199	−1.501	0.610	0.013	0.510	8.364	0.9999
D105	0.315	−1.751	0.959	0.000	0.590	5.563	0.9994
D106	0.498	−2.765	2.187	0.000	0.758	6.552	0.9982

附录 B　基于模型等温吸附式拟合结果汇总表

样品编号	A	B	C	D	E	R^2
D1	1.49E-05	32.02378	2.98E+08	164.6158	1.51708	0.9720
D2	1.00E-12	1.64E+09	1	1.13323	8.78746	0.9333
D3	352.8073	413.5464	0.00785	0.47985	1.37204	0.9981
D4	1.28E-05	31.04861	2.55E+08	127.1047	1.56048	0.9646
D5	6.76E-06	58.23348	1.35E+08	25.18823	1.85E+00	0.9086
D6	8.23E-06	3.60E+01	1.65E+08	4.65E+01	1.5435	0.9521
D7	1.06E-05	37.16008	2.12E+08	79.4486	1.64E+00	0.9227
D8	9.82E-06	4.57E+01	1.96E+08	63.75797	1.80778	0.9146
D9	5.84E-06	6.02E+01	1.17E+08	24.56389	2.49261	0.8784
D10	1.12E-05	1.02E+02	1.12E+08	92.86639	8.10896	0.8842
D11	3.82E-03	3.12E+01	1.82E+08	6.41E+01	1.55154	0.9812
D12	2.37E-05	20.69638	2.37E+07	28.15514	1.48364	0.7662
D13	7.17E-07	3.06E+01	5.75E+08	22.61706	2.16359	0.9421
D14	5.86E-06	31.20482	1.17E+08	26.81259	1.56511	0.9719
D15	9.57E-06	29.50756	1.91E+08	70.5623	1.48178	0.9737
D16	6.08E-06	30.70765	1.22E+08	28.89496	1.55104	0.9765
D17	5.93E-06	44.58012	1.19E+08	45.30027	3.45133	0.8669
D18	8.26E-06	19.84553	1.65E+08	68.13637	1.44002	0.9174
D19	9.37E-06	21.45755	1.87E+08	82.46841	1.42941	0.9442
D20	1.63E-05	25.2834	3.26E+08	220.923	1.43E+00	0.9813
D21	6.88E-06	29.50479	1.38E+08	44.64732	1.81622	0.9388
D22	9.09E-06	60.43363	1.82E+08	68.3051	2.86775	0.8730
D23	9.64E-06	2.30E+01	1.93E+08	81.7247	1.40717	0.9950
D24	7.65E-06	7.44E+01	1.53E+08	49.20456	3.5075	0.8258
D25	5.49E-06	2.29E+01	1.10E+08	3.41E+01	1.80521	0.8991

样品编号	A	B	C	D	E	R^2
D26	6.14E-06	6.06E+01	1.23E+08	31.71024	2.92876	0.8824
D27	7.22E-06	8.43E+01	1.44E+08	41.67485	3.72431	0.8767
D28	1.23E-05	24.98434	2.46E+08	125.9465	1.4175	0.9833
D29	6.44E-06	2.85E+01	1.29E+08	33.62265	1.52035	0.9842
D30	6.44E-06	2.85E+01	1.29E+08	33.62265	1.52035	0.9842
D31	4.00E-06	34.89837	8.00E+07	20.39579	2.78244	0.9418
D32	6.09E-06	80.8494	1.22E+08	31.18485	3.77876	0.8576
D33	5.34E-06	66.87009	1.07E+08	40.30378	5.35294	0.8319
D34	6.57E-06	49.25964	1.31E+08	57.58114	3.8716	0.8832
D35	1.39E-05	2.34E+01	2.77E+08	1.66E+02	1.40008	0.9799
D36	1.99E-05	24.49076	3.98E+08	336.3648	1.42229	0.9917
D37	7.51E-06	52.20696	1.50E+08	77.70818	4.20304	0.8896
D38	1.08E-05	2.45E+01	2.16E+08	97.74278	1.40464	0.9905
D39	7.38E-06	74.14683	1.48E+08	54.08048	4.13287	0.8208
D40	1.67E-05	24.76054	3.35E+08	233.8385	1.40941	0.9829
D41	1.33E-05	21.74661	2.66E+08	161.5767	1.40372	0.9646
D42	1.63E-05	2.45E+01	3.26E+08	226.0404	1.42535	0.9765
D43	1.09E-05	23.80307	2.17E+08	1.03E+02	1.43E+00	0.9851
D44	7.02E-06	2.86E+01	1.40E+08	58.31293	2.2228	0.8680
D45	8.99E-06	4.29E+01	1.80E+08	1.05E+02	3.37E+00	0.9127
D46	6.59E-06	5.07E+01	1.32E+08	58.11656	3.98166	0.9206
D47	8.69E-06	1.87E+01	1.74E+08	78.45349	1.43835	0.9214
D48	8.58E-06	4.54E+01	1.72E+08	9.59E+01	3.52803	0.9086
D49	7.17E-06	3.23E+01	1.44E+08	3.93E+01	1.57E+00	0.9813
D50	1.15E-05	2.92E+01	2.30E+08	1.07E+02	1.54787	0.9438
D51	6.97E-06	2.89E+01	1.39E+08	39.1691	1.52523	0.9936
D52	2.74E-06	30.07198	5.48E+07	5.90401	1.53482	0.9942
D53	8.12E-06	2.17E+01	1.62E+08	65.58826	1.53E+00	0.9442
D54	1.66E-05	2.86E+01	3.32E+08	216.011	1.46941	0.9696
D55	5.66E-06	3.44E+01	1.13E+08	24.41049	1.65104	0.9662
D56	4.37E-06	33.95641	8.74E+07	13.80269	1.55048	0.9793
D57	8.11E-06	49.09206	1.62E+08	42.45738	1.87638	0.9413
D58	4.56E-06	53.78548	9.13E+07	13.68599	2.06097	0.9839
D59	6.19E-06	44.8632	1.24E+08	25.78611	1.81357	0.9785
D60	9.26E-06	36.04296	1.85E+08	65.83443	1.72726	0.9654
D61	1.27E-05	27.31854	2.55E+08	129.9706	1.4547	0.9402

样品编号	A	B	C	D	E	R^2
D62	1.09E-05	2.59E+01	2.18E+08	9.88E+01	1.45E+00	0.9861
D63	3.14E-06	32.00489	6.28E+07	7.31358	1.51801	0.9907
D64	3.16E-06	3.45E+01	6.31E+07	7.16941	1.56E+00	0.9880
D65	2.66E-06	3.02E+01	5.32E+07	5.22E+00	1.44E+00	0.9571
D66	6.72E-06	3.97E+01	1.34E+08	3.97E+01	2.13824	0.9090
D67	9.53E-06	3.67E+01	1.91E+08	6.75E+01	1.70E+00	0.9374
D68	7.46E-06	44.77694	1.49E+08	39.63329	1.91243	0.9509
D69	7.33E-06	28.62229	1.47E+08	44.12989	1.54491	0.9919
D70	9.30E-06	21.84614	1.86E+08	84.61805	1.50895	0.9243
D71	1.07E-05	23.72369	2.14E+08	102.8828	1.46911	0.9647
D72	5.76E-06	50.93842	1.15E+08	21.35385	1.92879	0.9629
D73	2.82E-06	33.60874	5.63E+07	5.76994	1.54824	0.9926
D74	7.16E-06	38.05841	1.43E+08	42.01083	1.93E+00	0.9395
D75	7.96E-06	47.28278	1.59E+08	46.63958	2.07073	0.9117
D76	1.06E-05	3.05E+01	2.12E+08	8.66E+01	1.52036	0.9745
D77	6.45E-06	3.53E+01	1.29E+08	2.97E+01	1.58E+00	0.9742
D78	4.04E-06	87.57952	8.08E+07	9.29701	2.74892	0.9637
D79	7.30E-06	2.70E+01	1.46E+08	4.40E+01	1.48574	0.9903
D80	2.69E-06	2.72E+01	5.38E+07	5.52354	1.37853	0.9795
D81	1.30E-05	27.57354	2.60E+08	136.5711	1.47855	0.9824
D82	4.71E-06	33.4855	9.43E+07	16.05482	1.5326	0.9786
D83	9.56E-06	30.25792	1.91E+08	71.30059	1.5295	0.9619
D84	2.59E-06	30.58233	5.18E+07	4.92065	1.45191	0.9778
D85	3.21E-06	36.65787	6.42E+07	7.24172	1.60239	0.9930
D86	2.64E-06	3.13E+01	5.29E+07	5.17391	1.49081	0.9913
D87	4.00E-06	33.62675	8.00E+07	1.10E+01	1.47E+00	0.9906
D88	2.92E-06	3.05E+01	5.85E+07	6.45E+00	1.49E+00	0.9934
D89	4.38E-06	3.46E+01	8.75E+07	13.7165	1.55735	0.9587
D90	4.38E-06	3.46E+01	8.75E+07	13.7165	1.55735	0.9759
D91	7.64E-06	48.4651	1.53E+08	41.16539	2.0262	0.9325
D92	6.51E-06	32.96505	1.30E+08	32.2851	1.5974	0.9945
D93	7.64E-06	42.71568	1.53E+08	42.30582	1.87E+00	0.9224
D94	3.36E-06	41.47605	6.72E+07	7.62096	1.70032	0.9810
D95	8.60E-06	32.61089	1.72E+08	55.59029	1.56E+00	0.9773
D96	1.08E-05	31.66647	2.16E+08	89.57984	1.55632	0.9746
D97	6.24E-06	4.00E+01	1.25E+08	2.90E+01	1.82698	0.9474

续表

样品编号	A	B	C	D	E	R^2
D98	7.73E-06	30.6645	1.55E+08	47.15259	1.56327	0.9637
D99	2.91E-06	3.54E+01	5.82E+07	6.00E+00	1.56889	0.9952
D100	3.08E-06	38.07541	6.16E+07	6.53E+00	1.62E+00	0.9941
D101	7.70E-06	8.09E+01	1.54E+08	4.42E+01	3.35493	0.9027
D102	2.62E-06	2.77E+01	5.24E+07	5.35576	1.42932	0.9890
D103	7.41E-06	58.8287	1.48E+08	40.02119	2.47E+00	0.9038
D104	3.62E-06	58.47838	7.23E+07	7.02E+00	1.81E+00	0.9445
D105	2.99E-06	3.16E+01	5.98E+07	6.65E+00	1.51E+00	0.9908
D106	2.77E-06	32.90659	5.55E+07	5.6216	1.52847	0.9924

索 引